本书的视频制作得到了“乡村振兴战略下‘三农’融合出版探索”项目的资助

扫码看视频·病虫害绿色防控系列

水稻病虫害绿色防控彩色图谱

全国农业技术推广服务中心　组编
杨清坡　刘　杰　主编

中国农业出版社
北　京

编委会
EDITORIAL BOARD

前言
FOREWORD

水稻是亚洲最主要的粮食作物，世界50%以上的人口以稻米为主食。水稻对保障我国的粮食和食品安全起着举足轻重的作用。随着人民生活水平的不断提高和环保意识日益增强，人们对高品质稻米的需求也日益加大。然而近年来，气候变化日益加剧，水稻的种植分布及稻田生态环境也出现新的变化，病虫害防控压力与日剧增。为贯彻落实“藏粮于地，藏粮于技”战略，实现化肥农药双减目标，积极推广普及病虫害防控知识，提升农业一线从业人员绿色防控水平显得极为重要。

水稻病虫草害是影响我国水稻生产的重要因素，也是农民急需解决的实际问题。水稻病虫害准确识别是病虫害监测预警的前提，是水稻绿色防控技术的基础。通过水稻病虫害的知识普及及相关技术推广，有助于水稻种植从业者扩充水稻病虫害知识储备，提升病虫害防控技能，助力水稻绿色高效生产。

本书从实际出发，总结了多年的水稻病虫害防治经验，从多个方面进行详细讲解。病害部分从田间症状、发生特点方面帮助读者了解病原特征、传播途径及病害发病原因等，使读者牢记病害发生规律。通过病害循环图、大量高清症状图谱，帮助读者快速掌握病害识别要点。虫害部分从分类地位、为害特点、形态特征、发生特点等方面进行描述，配有不同虫龄高清形态图及为害图。另外，本书还对易混淆的病虫害进行区分，帮助读者快速精准识别。不同病虫害均配有防治适期及对应防治措施，使读者轻松掌握用药关键期，提升绿色防控水平。

书中文字简洁，内容通俗易懂，图片清晰，图文并茂，适合作为水稻生产从业者、农技推广人员及高校学生的参考用书，也可作为基层无公害稻米生产技术培训教材，是一本极具实用性、阅读性的科普读物。

编　者

2021年6月

说明：本书文字内容编写和视频制作时间不同步，两者若有表述不一致，以本书文字内容为准。

目录
CONTENTS

PART 1

病　害

稻瘟病

稻瘟病

田间症状 水稻整个生育阶段皆可发生，主要为害叶片、茎秆、穗部，根据为害时期、部位分为苗瘟、叶瘟、节瘟、穗颈瘟、谷粒瘟等。

（1）**苗瘟** 发生于三叶期前，由种子带菌所致。病苗基部灰黑，上部变褐，卷缩而死，湿度较大时病部产生大量灰黑色霉层（图1）。

图1 苗 瘟

（2）**叶瘟** 发生于三叶期后的秧苗或成株叶片上，一般分蘖至拔节期盛发，可分为慢性型、急性型、白点型和褐点型四种，其中以前两种最为常见。慢性型病斑呈菱形或纺锤形，一般长1～1.5厘米，宽0.3～0.5厘米，红褐色至灰白色，两端有坏死线。急性型病斑近圆形，暗绿色，病斑背面密生灰色霉层。病斑初期呈不规则水渍状点，后逐步形成中央灰白、周围褐色、病界明显的梭形病斑，遇适温、高湿条件病菌可迅速蔓延，在叶片上形成大量水渍状急性病斑，后变褐坏死，严重时出现坐蔸死苗现象（图2）。

（3）**节瘟** 常在拔节后发生，初在稻节上产生褐色小点，后渐绕节扩展，使病部变黑，易折断。潮湿时生灰色霉状物（图3）。

图2 叶 瘟

A.白点型 B.急性型 C.褐点型 D.慢性型 E.叶瘟发病中心

图3 节 瘟

（4）**穗颈瘟** 发生在穗颈、穗轴及枝梗上，病部成段变褐坏死，穗颈、穗轴易折断。枝梗或穗轴受害造成小穗不实。发病晚的造成秕谷（图4）。

图4 穗颈瘟

(5) **谷粒瘟**　抽穗后期病菌侵染造成，在谷粒上产生褐色椭圆形或不规则斑，使稻谷变黑。有的颖壳无症状，护颖受害变褐，使种子带菌（图5）。

图5　谷粒瘟

发生特点

病害类型	真菌性病害
病　原	稻巨座壳菌（*Magnaporthe oryzae*）是主要病原物，属子囊菌门巨座壳属，其无性世代为稻梨孢
越冬场所	病菌以分生孢子和菌丝体在稻草和稻谷上越冬
传播途径	分生孢子借气流传播到稻株叶片上萌发侵染。病部形成的分生孢子借风、雨传播进行再侵染
发病原因	品种抗病性弱、种植早期低温、过量施用氮肥
病害循环	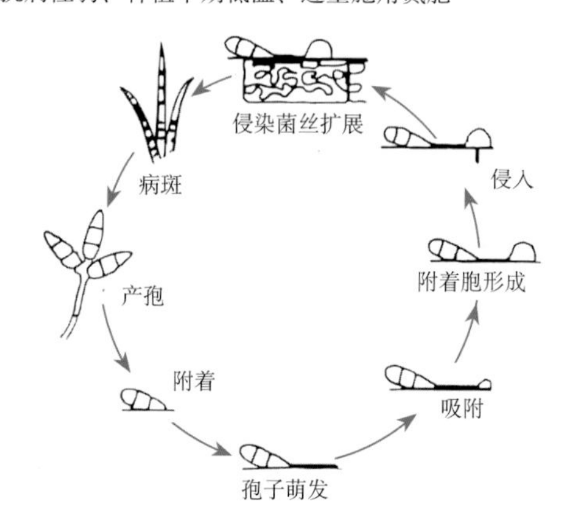

防治适期 二至三叶期是防治苗瘟的关键时期，水稻破口期是防治穗颈瘟的关键时期。

防治措施

（1）**选育、利用抗病良种**　种植抗瘟品种是防治稻瘟病最经济有效的方法。

（2）**种子消毒，减少菌源**　用20%三环唑1 000倍液浸种24小时，并妥善处理病秆，尽量减少初侵染源。

（3）**带药移栽**　在秧苗移栽前三天，每亩* 用75%三环唑40 ~ 50克喷雾可有效防止叶瘟发生。

（4）**加强肥水管理**　施足基肥，早施追肥，中期适当控氮抑苗，后期看苗补肥。用水要“前浅、中晒、后湿润”。

（5）**化学防治**　苗瘟、叶瘟，如秧苗出现病斑，尤其是急性型病斑出现时，每亩用75%三环唑可湿性粉剂30克，或40%稻瘟灵乳油100克，

* 亩为非法定计量单位，1亩≈667米^2。

或4%春雷霉素可湿性粉剂50克，或30%敌瘟磷100毫升，或21.2%春雷·三环唑100克对水45～60千克喷施，交替使用。重病田需5～7天再治一次。穗瘟，水稻破口始穗期施第一次药，在齐穗期再补施第二次药。对前期苗瘟、叶瘟发病田，每亩用30%敌瘟磷100毫升或40%稻瘟灵乳油100毫升加75%三环唑可湿性粉剂20克，其他田块用75%三环唑可湿性粉剂20克，对水45～60千克喷施，施药后8小时如果遇雨要补施。

水稻纹枯病

田间症状 苗期至穗期均可发病。

水稻纹枯病

(1) **叶鞘染病** 在近水面处产生暗绿色水渍状边缘模糊小斑，后渐扩大呈椭圆形或云纹形，中部呈灰绿或灰褐色，湿度低时中部呈淡黄或灰白色，中部组织破坏呈半透明状，边缘暗褐。发病严重时数个病斑融合形成大病斑，呈不规则状云纹斑，常致叶鞘发黄枯死（图6）。

图6 叶鞘症状

(2) **叶片染病**　病斑呈云纹状，边缘褪黄，发病快时病斑呈污绿色，叶片很快腐烂（图7）。

(3) **茎秆染病**　症状似叶片，后期呈黄褐色，易折（图8）。

图7　叶片症状

图8　茎秆症状

（4）**穗颈部染病** 初为污绿色，后变灰褐色，常不能抽穗，抽穗的秕谷较多，千粒重下降（图9）。

湿度大时，各病部长出白色网状菌丝，后汇聚成白色菌丝团（图10），形成菌核，菌核深褐色，易脱落（图11）。高温条件下病斑上产生白色粉霉层，即病菌的担子和担孢子。

图9 穗部症状

图10 白色绒球状菌丝团

图11 菌 核

发生特点

病害类型	真菌性病害
病 原	瓜亡革菌（*Thanatephorus cucumeris*），属担子菌门真菌。无性世代为立枯丝核菌（*Rhizoctonia solani*），属半知菌亚门真菌
越冬场所	水稻纹枯病菌主要以菌核在土壤中越冬，同时也可以菌丝和菌核在病稻草、田边杂草及其他寄主上越冬
传播途径	田间的菌核为翌年或下一季病害主要初侵染源，菌核随水流传播

（续）

发病原因	越冬菌核充足、品种抗病性弱、雨日多、温度高、相对湿度大；稻田郁闭、株间湿度大；施肥过量、过迟
病害循环	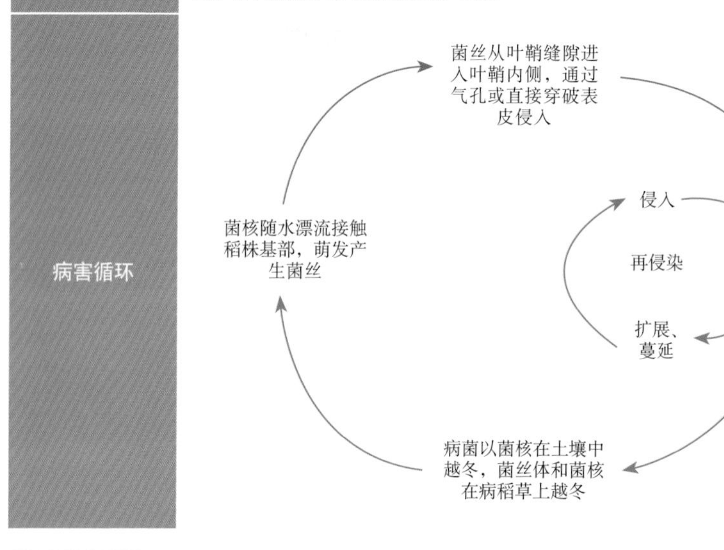

防治适期 水稻分蘖末期。

防治措施

（1）农业防治

①清除菌源。在春季秧田或本田翻耕灌水耙压时，多数菌核浮于水面，混杂在“浪渣”内，被风吹到田边或田角，可用细纱网或布网等工具打捞“浪渣”，并带出田外深埋或晒干后烧毁；防止未腐熟的病稻草及杂草还田，用稻草及杂草制成的肥料须充分腐熟后施用；铲除田边杂草，及时拔除田中稗草。

②加强肥水管理。根据水稻生育时期、气象条件、土壤性质等，合理排灌，以水控病，改变长期深灌造成的高湿环境。提倡“前浅、中晒、后湿润”的用水原则，分蘖末期以前应以浅水勤灌，结合适当排水露天；分蘖末期至拔节前适时晒田，后期干干湿湿管理，降低湿度，促进稻株健壮生长。有的地方提出的“浅水分蘖，够苗晒田促根，肥田重晒，瘦田轻晒，浅水养胎（指穗胎），湿润保穗，不过早断水，防止早衰”的原则较为实际。同时应贯彻“施足基肥，早施追肥，灵活追肥”的原则，氮、磷、钾肥配合施用，农家肥与化肥、长效肥与速效肥结合施用，忌偏施氮

肥和中、后期大量施用氮肥，使水稻前期不披叶、中期不徒长、后期不贪青。合理密植，改善群体通风透光条件。

（2）**化学防治** 抓住防治适期，分蘖后期病穴率达15%即施药防治。每亩用10%井冈·蜡芽菌悬浮剂150毫升，或20%井冈霉素粉剂100克，或30%苯甲·丙环唑乳油20毫升，或43%戊唑醇悬浮剂20毫升对水50升喷雾或对水400升泼浇。

稻曲病

田间症状 该病只发生于穗部，为害部分谷粒。受害谷粒内形成菌丝块，渐膨大，内外颖裂开，露出淡黄色块状物，即孢子座（图12）。后包于内外颖两侧，呈墨绿色（图13），初外包一层薄膜，后破裂，散生墨绿色粉末，即病菌的厚垣孢子，有的两侧生黑色扁平菌核，风吹雨打易脱落。

稻曲病

图12 黄色稻曲球

图13　墨绿色稻曲球

发生特点

病害类型	真菌性病害
病　原	稻绿核菌（*Ustilaginoidea virens*）是主要病原，属半知菌亚门真菌
越冬场所	稻曲病菌以厚垣孢子附着在稻粒上或落入田间越冬，也可以菌核在土壤中越冬
传播途径	子囊孢子和分生孢子借气流传播
发病原因	在水稻破口期遇到雨日、雨量偏多，田间湿度大、日照少；秆矮、穗大、叶片较宽而角度小；栽培管理粗放，高温、高氮肥，种植密度过大，灌水过深，排水不良

（续）

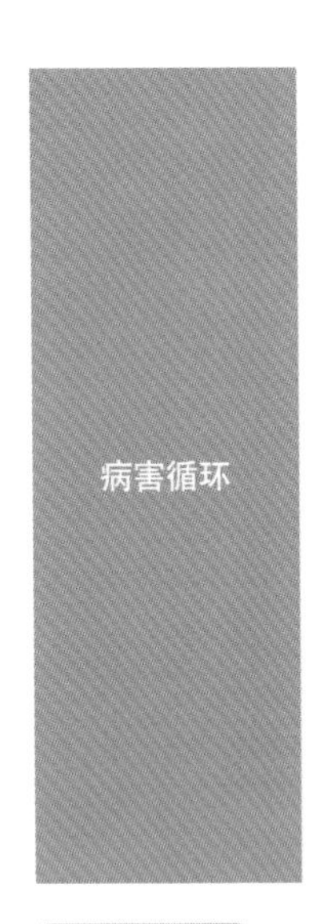

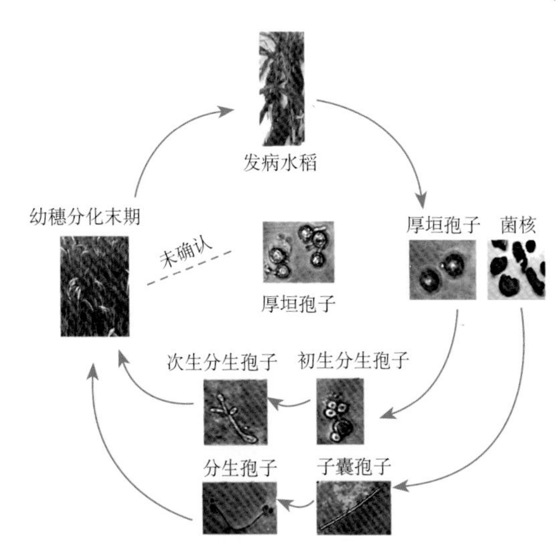

防治适期 水稻孕穗后期（即水稻破口前5天左右）。

防治措施

（1）**选用抗病良种** 该方法是防治稻曲病最经济有效的措施之一。

（2）**菌核处理** 水稻收割后深翻稻田，将菌核埋入土中；播种前注意清除病残体及田间的病原物。

（3）**合理施肥** 氮、磷、钾肥要配合施用，不要偏施氮肥。

（4）**药剂防治** 每亩可选用2.5%井冈·蜡芽菌300毫升、30%苯甲·丙环唑乳油20毫升等药剂，对水60千克喷雾防治，防治适期在水稻孕穗后期（即水稻破口前5天左右），如需防治第二次，则在水稻破口期（水稻破口50%左右）施药。

水稻叶鞘腐败病

田间症状 秧苗期至抽穗期均可发病，幼苗染病，叶鞘上生褐色病斑，边缘不明显。分蘖期染病，叶鞘上或叶片中脉上初生针头大小的深褐色小点，向上下扩展后形成菱形深褐色斑，边缘浅褐色。叶片与叶脉交界处多现褐色大片病斑。孕穗至抽穗期染病，剑叶叶鞘先发病且受害严重，叶

鞘上生褐色至暗褐色不规则病斑，中间色浅，边缘黑褐色较清晰，严重的出现虎斑纹状病斑，向整个叶鞘上扩展，致叶鞘和幼穗腐烂（图14）。湿度大时病斑内外现白色至粉红色霉状物，即病菌的子实体。

水稻叶鞘腐败病

图14　叶鞘腐烂

发生特点

病害类型	真菌性病害
病　原	稻帚枝霉（*Sarocladium oryzae*）是主要病原，属子囊菌无性型帚枝霉属
越冬场所	病菌在种子及病株残体上越冬
传播途径	随调运带病种子进行远距离传播；分生孢子借气流或昆虫携带传播
发病原因	品种抗病性弱，施氮肥过量、过迟或缺磷肥，稻株贪青徒长，孕穗期降雨多或雾大露重，低温、高湿
病害循环	稻株（初侵染）→分生孢子（再侵染源）→气流或昆虫传播→稻株（再侵染）→带菌种子、病株残体（越冬）→稻株（初侵染）

防治适期 水稻破口到齐穗期是药剂防治的关键时期。

防治措施

（1）**品种选择** 选用抗病优质水稻品种及无病种子，进行种子药剂处理。

（2）**加强肥水管理** 避免偏施或迟施氮肥，适时晒田，提高抗病能力。沙性土要适当增施钾肥。

（3）**防治病虫害** 及时防治飞虱、螟虫等，以避免害虫造成伤口而诱发病害。

稻粒黑粉病

田间症状 该病主要发生在水稻扬花至乳熟期，只侵害谷粒米质部分，通常在水稻成熟前才见到病粒。水稻受害后，穗部病粒少则数粒，多则十粒至数十粒，病谷米粒全部或部分被破坏，变成青黑色粉末状物即病菌的厚垣孢子。症状分为三种类型：谷粒不变色，在外颖背线近护颖处开裂，长出赤红色或白色舌状物（病粒的胚及胚乳部分），常黏附散出的黑色粉末；谷粒不变色，在内外颖间开裂，露出圆锥形黑色角状物，破裂后，散出黑色粉末，黏附在开颖部分；谷粒变暗绿色，内外颖间不开裂，秄粒不充实，与青粒相似，有的变为焦黄色，手捏有松软感，用水浸泡病粒，谷粒变黑（图15）。

图15　稻粒黑粉病症状

发生特点

病害类型	真菌性病害
病　原	狼尾草腥黑粉菌（*Tilletia barclayana*）是主要病原，属担子菌门腥黑粉菌属真菌（图16）
越冬场所	病菌在土壤、种子、畜禽粪肥中越冬
传播途径	通过气流、雨水、露水等传播
发病原因	水稻从抽穗至乳熟，特别是开花期间遇阴雨天气，温度高，田间湿度大；多年制种田、多施氮肥、喷施植物生长调节剂（如赤霉素）、栽培密度过大
病害循环	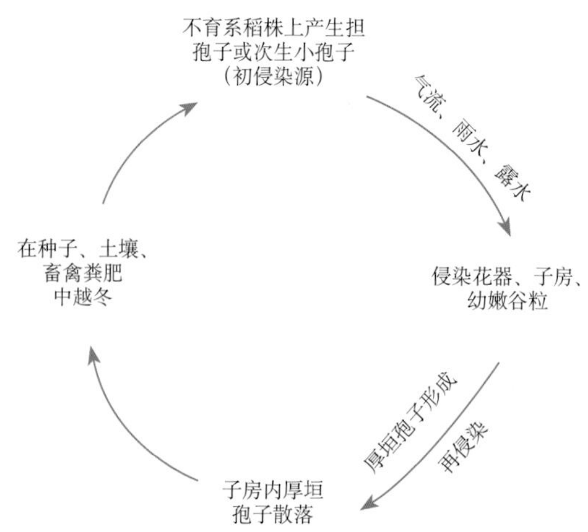

防治适期 在水稻破口前3～7天、始花期、盛花期。

防治措施

(1) **品种选择及种子处理** 选用抗病品种、无病稻种，不在病田留种。种谷经过精选后，可用药剂消毒（方法同稻瘟病）。

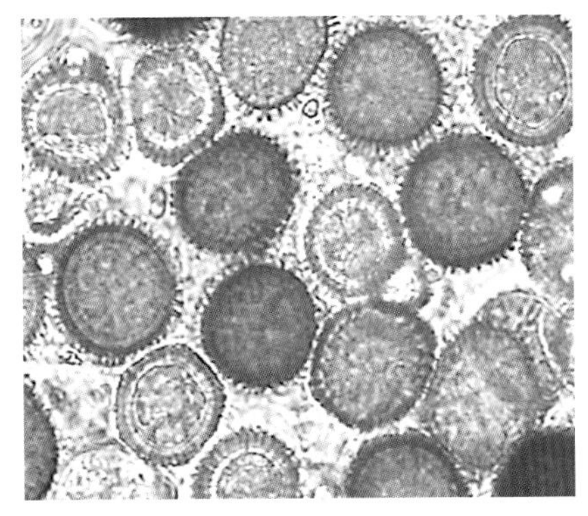

图16 狼尾草腥黑粉菌厚垣孢子

(2) **加强肥水管理** 增施磷钾肥，防止迟施、偏施氮肥，合理灌溉，以减轻发病。

(3) **药剂防治** 每亩可选用17%三唑醇可湿性粉剂100克或12.5%烯唑醇可湿性粉剂70克或20%三唑酮乳油80毫升对水45升喷雾。

水稻恶苗病

田间症状 从秧苗期至抽穗期均可发生（图17）。苗期发病苗比健苗细、高，叶片、叶鞘细长，叶色淡黄，根系发育不良，部分病苗在移栽前死亡。在枯死苗上有淡红或白色霉粉状物，即病菌的分生孢子。本田发病，节间明显伸长，节部弯曲露于叶鞘外，下部茎节逆生多数须根（图18），分蘖少或不分蘖。剥开叶鞘，茎秆上有暗褐色条斑（图19），剖开病茎可见白色蛛丝状菌丝（图20），以后植株逐渐枯死。湿度大时，枯死病株表面长满淡褐色或白色粉霉状物，后期生黑色小点，即病

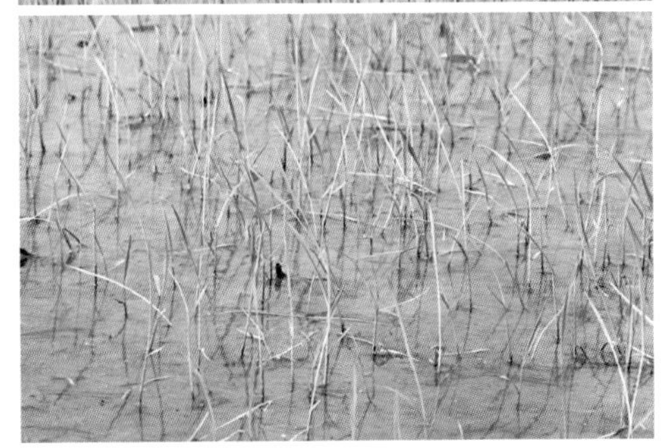

图17 水稻恶苗病田间症状

菌子囊壳。病轻的提早抽穗，穗小而不实。抽穗期谷粒也可受害，严重的变褐，不能结实，颖壳夹缝处生淡红色霉状物（图21），病轻的不表现症状，但内部已有菌丝潜伏。

图18　水稻茎节逆生须根

图19　茎秆上的暗褐色条斑

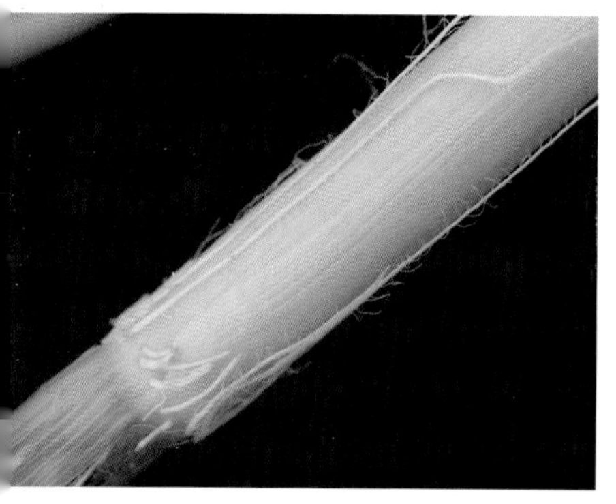

图20　白色蛛丝状菌丝

图21　穗部症状

发生特点

病害类型	真菌性病害
病　原	无性世代为子囊菌纲无性型镰孢属真菌（*Fusarium* spp.），其中拟轮枝镰孢（*F.verticillioides*）为常发种类；有性世代为藤仓赤霉（*Gibberella fujikuroi*），属子囊菌门赤霉属真菌
越冬场所	病菌主要以分生孢子在种子表面或以菌丝体潜伏于种子内部越冬，其次以潜伏在稻草内的菌丝体或子囊壳越冬

（续）

传播途径	借气流、雨水和昆虫传播
发病原因	该病害主要是种子带菌引起的，病菌一般由伤口侵入。土温30 ~ 35℃、品种抗病性弱、幼苗生长衰弱、过量施用氮肥或施用未腐熟的有机肥
病害循环	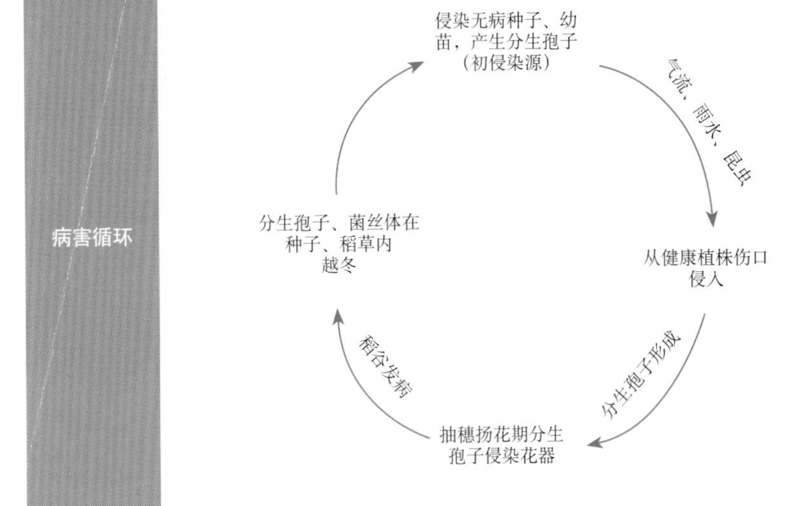

防治适期 播种前处理种子。

防治措施 选栽抗病品种，加强栽培管理，催芽时间不宜过长，拔秧要尽可能避免伤根。一旦发病，及时拔除病株，清除病残体，集中烧毁。恶苗病的防治种子处理是关键，可用50%多菌灵或35%恶苗灵等药剂，或3%的生石灰水浸种48小时。

水稻胡麻斑病

田间症状 从秧苗期至收获期均可发病，稻株地上部均可受害，以叶片为多。种子芽期受害，芽鞘变褐，芽未能抽出，子叶枯死。苗期叶片、叶鞘发病，多为椭圆形病斑，如胡麻粒大小，暗褐色，有时病斑扩大连片成条形，病斑多时秧苗枯死。成株叶片染病，初为褐色小点，渐扩大为椭圆形病斑，

水稻
胡麻斑病

如芝麻粒大小，病斑中央褐色至灰白色，边缘褐色，周围有深浅不同的黄色晕圈，严重时连成不规则大斑（图22）。叶鞘染病，病斑初为椭圆形，暗褐色，边缘淡褐色，水渍状，后变为中心灰褐色的不规则大斑。穗颈和枝梗发病，受害部暗褐色，造成穗枯。谷粒染病，早期受害的谷粒灰黑色扩至全粒造成秕谷。后期受害病斑小，边缘不明显。病重谷粒质脆易碎。

图22　水稻胡麻斑病叶部症状

发生特点

病害类型	真菌性病害
病　原	在自然状态下引起水稻发病的为该菌的无性世代稻平脐蠕孢（*Bipolaris oryzae*），属子囊菌无性型平脐蠕孢属

（续）

越冬场所	在罹病的植物组织上越冬
传播途径	带菌种子；越冬菌丝产生的分生孢子，随风扩散
发病原因	高温、高湿、有雾或露存在时，发病重；缺肥或贫瘠的地块，缺钾肥、土壤为酸性或沙质土壤，漏肥漏水严重的地块，缺水或长期积水的地块
病害循环	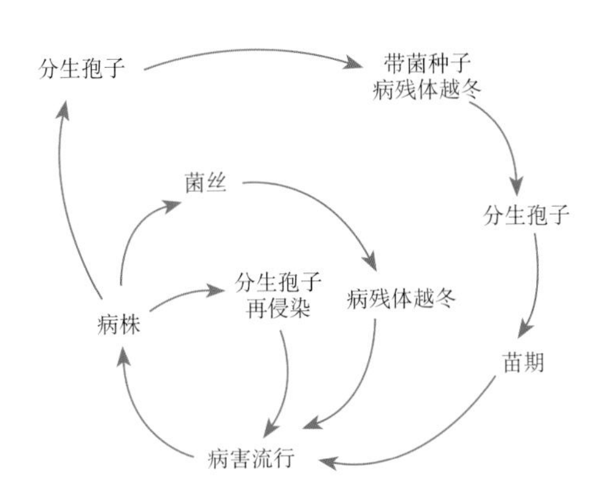

防治适期 播种前对种子消毒。

防治措施 水稻胡麻斑病以气流传播为主，为多循环病害，应采取综合防治措施。

（1）**农业措施**

①选地或改良土壤。避免在沙质土壤、酸性土壤上栽培水稻，若无法避免应进行土壤改良，如沙质土可多施腐熟的堆肥作为基肥，酸性土可适量施用石灰。

②消灭菌源。种子应消毒（消毒方法同稻瘟病），病稻草应烧毁或深埋沤肥，以减少或消灭菌源，减轻发病。

③加强肥水管理。防止过分缺水而造成土壤干旱，但也要避免田中积水；病田一般要增施基肥，及时追肥，并做到氮、磷、钾肥适当配合施用，尤其是钾肥不能缺乏，一旦缺乏，可能引起赤枯病的发生。

（2）**化学防治** 药剂防治参见稻瘟病，也可采用50%菌核净等药剂于抽穗至乳熟期喷雾，保护剑叶、穗颈和谷粒不受侵染。

水稻菌核病

该病是包括稻小球菌核病、稻小黑菌核病、稻球状菌核病、稻褐色菌核病、稻灰色菌核病等的总称。长江流域以南主要是稻小球菌核病和稻小黑菌核病。

田间症状 稻小球菌核病和稻小黑菌核病症状相似，侵害稻株下部叶鞘和茎秆（图23），初在近水面叶鞘上生褐色小斑，后扩展为黑色纵向坏死线及黑色大斑，上生稀薄浅灰色霉层，病鞘内常有菌丝块。稻小黑菌核病不形成菌丝块，黑线也较浅。病斑继续扩展使茎基成段变黑软腐，病部呈灰白色或红褐色而腐烂。剥检茎秆，腔内充满灰白色菌丝和黑褐色小菌核（图24）。侵染穗颈，引起穗枯。褐色菌核病，在叶鞘变黄枯死，不形成明显病斑，孕穗时发病致幼穗不能抽出。后期在叶鞘组织内形成球形黑色小菌核。稻灰色菌核病，叶鞘受害形成淡红褐色小斑，在剑叶鞘上形成长斑，一般不致水稻倒伏，后期在病斑表面和内部形成灰褐色小粒状菌核（图25）。

图23　下部叶鞘及茎秆受害状

图24　茎秆腔内菌核

图25　病斑表面的菌核

发生特点

病害类型	真菌性病害
病 原	半知菌亚门真菌稻小黑菌核病菌（*Helminthosporium sigmoideum* var. *irregulare*）等8种菌核病菌
越冬场所	病菌主要以菌核形式在稻草、稻茬或土壤中越冬
传播途径	分生孢子随气流、水流或叶蝉、飞虱等昆虫传播
发病原因	菌源充足、日照时间短、降水量多、昼夜温差大、相对湿度高、温度高、偏施氮肥、品种抗病性弱
病害循环	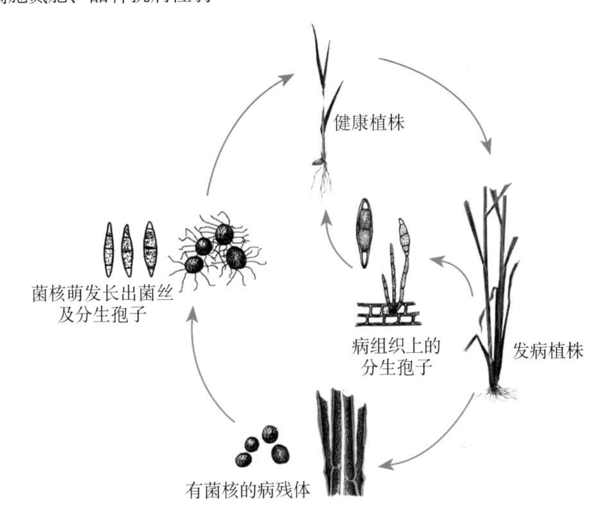

防治适期 水稻拔节期和孕穗期。

防治措施

（1）**减少菌源** 稻田翻耕或插秧前打捞田里的菌核，并深埋或焚烧，病稻草要高温沤肥，病田收割时要齐泥割稻，稻株要拿到田外，远离稻田脱粒，以免病菌飘落在田块。

（2）**加强栽培管理** 品种合理布局，杜绝“插花”种植，科学灌溉，疏通排灌渠道，浅水勤灌，适时晒田，孕穗到灌浆期要保持浅水层，保持田面湿润状态，脱水不宜早。多施有机肥及磷、钾肥，特别是钾肥，忌偏施氮肥。有条件的可实行水旱轮作。

（3）**药剂防治** 在水稻拔节期和孕穗期喷洒70%甲基硫菌灵可湿性粉剂1 000倍液或50%多菌灵可湿性粉剂800倍液或50%腐霉利可湿性粉剂

1 500倍液、50%乙烯菌核利可湿性粉剂1 000 ~ 1 500倍液。注意药液喷至下部叶鞘上。

（4）**注意其他病虫害的防治** 要加强水稻螟虫、稻飞虱、叶蝉等虫害以及水稻纹枯病、稻瘟病等病害的防治，减少水稻菌核病的病原传播和入侵的机会，防止或减轻发病。

水稻谷枯病

田间症状 在水稻抽穗后2 ~ 3周为害幼颖较重，初在颖壳顶端或侧面出现小斑，渐发展为边缘不清晰的椭圆形斑，后病斑融合为不规则大斑，扩展到谷粒大部或全部，后变为枯白色（图26），其上生许多小黑点，即病菌分生孢子器。乳熟后受害，米粒变小，质变松脆，质量变轻，品质下降；接近成熟时受害，仅在谷粒上有褐色小点，对产量影响不大。

图26 水稻谷枯病穗部症状

发生特点

病害类型	真菌性病害
病　原	颖枯茎点霉（*Phoma glumarum*）是主要病原物，属子囊菌无性型叶点霉属
越冬场所	病菌以分生孢子器在稻谷上越冬
传播途径	带菌种子是该病远距离传播的唯一途径；分生孢子进行初次侵染，借助风、雨传播
发病原因	水稻抽穗扬花至灌浆期的多雨天气，尤其是暴风雨天气是该病发生和流行的主要条件；偏施、过施或迟施氮肥，造成植株贪青晚熟，会增加病菌侵染的机会

（续）

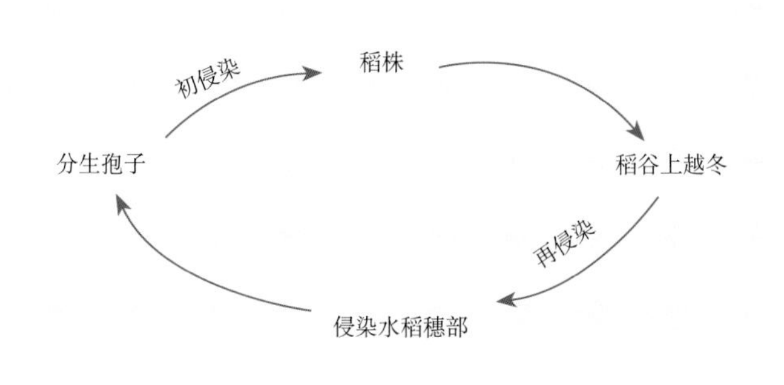

防治适期 剑叶出全至破口期，齐穗期。

防治措施

（1）**品种选择** 选育和推广抗病品种是防治水稻谷枯病的有效措施之一。

（2）**种子消毒** 选用无病种子进行种子消毒，用干净冷水预浸谷种12小时，再选择70%甲基硫菌灵可湿性粉剂700倍液、20%三环唑可湿性粉剂1 000倍液或50%多菌灵可湿性粉剂800倍液浸种24小时，清洗后催芽播种。

（3）**加强肥水管理，培育壮苗** 提倡配方施肥，重施底肥，早施追肥，做到底肥和追肥、农家肥和化肥及氮、磷、钾肥合理搭配，忌偏施、迟施氮肥。根据水稻吸肥规律，氮、磷、钾肥较适宜的比例为1 ∶ 0.5 ∶（1.0 ～ 1.5）。在水的管理上实行湿润灌溉，防止串灌、漫灌，适时晒田；水稻中、后期要保持干湿排灌，防止积水过深，降低田间湿度。

（4）**化学防治** 结合防治穗颈瘟抓好穗期前后喷药预防，在始穗和齐穗期各喷药一次，必要时在灌浆乳熟前加喷一次。用药参照稻瘟病。

水稻白叶枯病

田间症状 整个生育期均可受害。秧苗在低温下不显症状，高温下秧苗病斑短条状，小而狭，扩展后叶片很快枯黄凋萎。

（1）**叶缘型** 又称普遍型、典型型。慢性症状，先从叶缘或叶尖开始发病，出现暗绿色水渍状短线病斑，最后粳稻上的病斑变灰白色，籼稻上变橙黄色或黄褐色，病健边界明显（图27）。

（2）**青枯型** 一种急性症状，茎基部或根部受伤易感病。植株感病后，叶片呈现失水青枯，没有明显的病斑边缘，往往全叶青枯；病部青灰色或绿色，叶片边缘略有皱缩或卷曲。

图27 水稻白叶枯病叶缘型症状

发生特点

病害类型	细菌性病害
病　原	水稻黄单胞菌白叶枯变种（*Xanthomonas oryzae* pv. *oryzae*），属薄壁菌门黄单胞菌属
越冬场所	初次侵染源在老病区以病稻草和残留田间的病稻桩为主，而新病区以带病种子为主
传播途径	带病种子可远距离传播，病稻草通过秧田期淹水使秧苗染病，借风、雨、露水、灌溉水等传播蔓延
发病原因	大风、暴雨、台风、洪涝等损伤稻叶；幼穗分化期和孕穗期施肥过多或过迟；高温、高湿

（续）

病害循环	

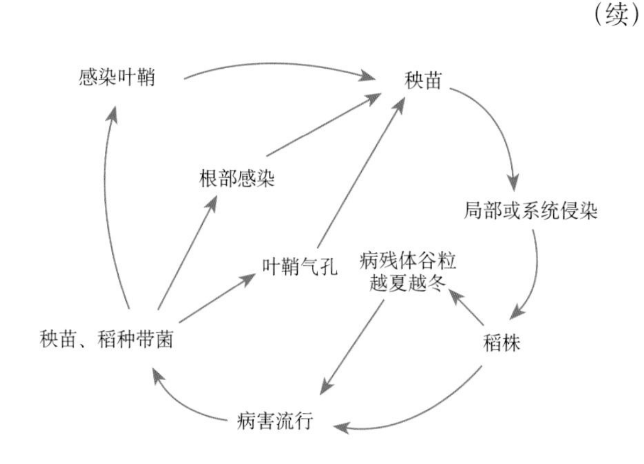

防治适期 秧田防治是关键，培育无病壮秧，在秧苗三叶期和移栽前5天各喷药预防一次，带药下田。

防治措施

（1）**选用抗病品种** 该方法是防治白叶枯病最经济有效的方法。

（2）**预防工作** 加强植物检疫，不从病区引种。

（3）**加强肥水管理** 浅水勤灌，雨后及时排水，分蘖期排水晒田，秧田严防水淹。妥善处理病稻草，防止病菌与种子、芽、苗接触。

（4）**药剂防治** 发现中心病株后，开始喷洒20%噻枯唑可湿性粉剂，每亩用药100克，对水50升，同时混入硫酸链霉素或农用链霉素4 000倍液，或三氯异氰脲酸2 500倍液，以提高防效。老病区在暴雨来临前后，对病田或感病品种立即全面喷药一次，特别是洪涝淹水的田块。用药次数根据病情发展情况和气候条件决定，一般间隔7 ~ 10天喷一次。

易混淆病害

该病与细菌性条斑病易混淆，二者区别见下表。

区 别	白叶枯病	细菌性条斑病
侵染途径	主要从叶片的水孔和微伤部分侵入，也可以从根部和基部伤口侵入	以气孔为主，也可从伤口和水孔侵入
病斑形状	长条状病斑，病部不透明，不是水渍状	断续短条状病斑，半透明，水渍状
发生部位	多从叶尖或叶缘开始，沿叶缘和主脉扩展	可在叶片任何部位发生，不限于叶尖或叶缘

（续）

区　别	白叶枯病	细菌性条斑病
菌脓	湿度很高时才产生蜜黄色鱼子状菌脓	干燥条件下也可产生小而多的蜡黄色菌脓
叶片枯死程度	发病后随即引起枯死或凋萎	条斑很多时叶片才会枯死

水稻细菌性条斑病

田间症状 主要为害叶片，病斑初为暗绿色水渍状小斑，很快在叶脉间扩展为暗绿至黄褐色的细条斑，大小约1毫米×10毫米，病斑两端呈浸润型绿色。病斑上常溢出大量串珠状黄色菌脓，干后呈胶状小粒。白叶枯病斑上菌溢不多，不常见到，而细菌性条斑上则常布满小珠状细菌液。发病严重时条斑融合成不规则黄褐至枯白大斑，与水稻白叶枯病类似，但对光看可见许多半透明条斑。病情严重时叶片卷曲，田间呈现一片黄白色（图28至图31）。

水稻细菌性条斑病

图28　叶片典型病斑

图29　水渍状病斑

图30　泌出乳黄色菌脓

图31　田间症状

发生特点

病害类型	细菌性病害
病　原	水稻黄单胞菌水稻致病变种（*Xanthomonas oryzae* pv. *oryzicola*）是主要病原物，属薄壁菌门黄单胞菌属
越冬场所	病菌主要在病田收获的稻谷、病稻草和自生稻上越冬
传播途径	带菌种子的调运是病害远距离传播的主要途径，病菌主要通过灌溉水和雨水接触秧苗
发病原因	品种抗病性弱、气温25 ~ 28℃，相对湿度接近饱和；台风、暴雨或洪涝侵袭，造成大量叶片伤口；稻田肥水管理不当；病田水串灌、漫灌或长期灌水、失水或干旱；高温、高湿

（续）

病害循环

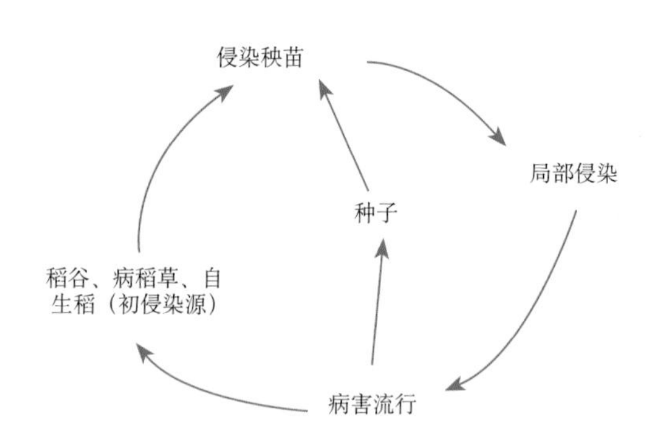

防治适期 应防止调运带菌种子。

防治措施 水稻细菌性条斑病传染快，一旦发生，单纯依靠药剂防治往往很难控制，故应采取以预防为主的综合措施。

（1）**加强检疫** 水稻条斑病是我国国内植物检疫对象，应禁止调运带菌种子，以防病害远距离传播。

（2）**农业防治**

①选用抗病良种。目前还没有有效的抗病品种，若水稻品种含有*Rxo 1*抗病基因，则可种植。

②加强田间管理。应用“浅、薄、湿、晒”的科学排灌技术，避免深水灌溉和串灌、漫灌，防止涝害。

③科学施肥。适当增施磷、钾肥，以提高植株抗病性，防止过量、过迟施用氮肥。

④加强台风、洪水后的田间管理。台风、洪水过后，应立即排水，可撒施石灰、草木灰，抑制病害的流行扩展。

⑤摘除病叶减少菌源。对零星发病的新病田，早期摘除病叶并烧毁，减少菌源。

（3）**化学防治** 药剂防治方法参见白叶枯病。

水稻细菌性基腐病

田间症状 主要为害水稻根节部和茎基部，水稻分蘖期发病。常在近土

表茎基部叶鞘上产生水渍状椭圆形斑，渐扩展为边缘褐色、中间枯白的不规则大斑，剥去叶鞘可见根节部变黑褐色，有时可见深褐色纵条，根节腐烂，伴有恶臭，植株心叶青枯变黄。拔节期发病，叶片自下而上变黄，近水面叶鞘边缘褐色，中间为灰色长条形斑，根节变色伴有恶臭。穗期发病，病株先失水青枯，后形成枯孕穗、白穗或半白穗，根节变色有短而少的侧生根，有恶臭味。其独特症状是病株根节褐色或深褐色腐烂（图32）。

水稻细菌性基腐病

图32　水稻细菌性基腐病症状

发生特点

病害类型	细菌性病害
病　原	菊欧文氏菌玉米致病变种（*Erwinia chrysanthemi* pv. *zeae*），属薄壁菌门欧文氏菌属
越冬场所	病菌可在病稻草、病稻桩和杂草上越冬
传播途径	病菌可通过带菌种子远距离传播。田间通过流水或灌溉水传播
发病原因	菌源充足、品种抗性弱、暴雨、洪水或稻田淹水
病害循环	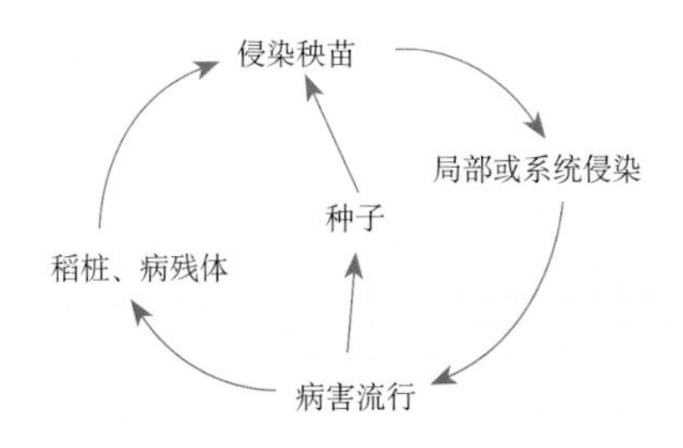

防治适期 秧田期移栽前施一次保护性药剂，移栽后重点是分蘖期用药，拔节至孕穗期根据田间病情决定用药。

防治措施 水稻细菌性基腐病具有突发性和暴发性特点，一旦大面积发生，单靠化学药剂防治难以达到理想的效果。因此，该病的防控应采取“以降低侵染来源为前提，以选用抗病品种为基础，以加强栽培管理为重点，以适时药剂防治为辅助”的综合防治策略。

（1）**降低初侵染源** 病残体是水稻细菌性基腐病的主要初侵染源。在病区，水稻收获时应做到齐泥割稻；病稻草集中销毁或做燃料，尽量减少病残体遗留在田间。为控制种子传病，在引种时，应实行种子检测。同时，病区发病水稻品种不应外调做种用。

（2）**选用抗病品种** 利用抗病品种防病是最为经济安全有效的手段。目前虽然尚未发现对水稻细菌性基腐病高抗的品种。但不同地区鉴定试验结果显示，水稻品种间抗（感）病性差异明显，生产上一般种植自然发病或人工接种表现抗性优良的品种。

（3）**加强栽培管理**

①培育无病壮秧。秧田整理平整、均匀播种、湿润管理，避免深水灌溉，有利于促进秧苗健壮生长，提倡塑盘旱育、抛秧和稀植浅插技术，减少秧苗根系损伤。

②合理施肥。施足基肥，早施追肥，注意氮、磷、钾肥配合施用，避免偏施或迟施氮肥。

③科学管水。水稻移栽后，实行浅水灌溉，分蘖末期适时适度晒田，对地势低洼、烂泥田重晒，后期湿润管理，避免长期深灌或过早断水，在发病地区或发病田块进行单灌或沟灌，防止串灌、漫灌。

（4）**化学防治** 发病的田块立即排干水，撒施生石灰中和土壤酸性，抑制病菌，每亩用50%金消康可溶性粉剂1 000 ～ 1 500倍液或20%噻菌铜悬浮剂90 ～ 120克，对水60 ～ 75千克喷雾，隔5 ～ 7天再喷一次。喷药后灌水，保持静水。

水稻细菌性褐条病

田间症状 在叶片或叶鞘上出现褐色小斑，后扩展呈紫褐色长条斑，有

时与叶片等长，边缘清楚。病苗枯萎或病叶脱落，植株矮小。成株期染病，先在叶片基部中脉发病，初为水渍状黄白色，后沿脉扩展上达叶尖，下至叶鞘基部形成黄褐至深褐色的长条斑，病组织质脆易折，后全叶卷曲枯死（图33）。叶鞘染病呈不规则斑块，后变黄褐色，最后全部腐烂。心叶发病，不能抽出，死于心苞内，拔出有腐臭味，用手挤压有乳白至淡黄色菌液溢出。孕穗期穗苞受害，穗早枯，或有的穗颈伸长，小穗梗淡褐色，弯曲畸形，谷粒变褐不实。

图33　水稻细菌性褐条病症状

发生特点

病害类型	细菌性病害
病　原	病原有争议，我国水稻专家认为是燕麦噬酸菌燕麦亚种（*Acidovorax avenae* subsp. *avenae*）引起的水稻细菌性褐条病
越冬场所	病菌可在病残体或种子上越冬
传播途径	在水稻秧田期，病菌借水流、暴风雨传播
发病原因	田间菌源充足；地势低洼，稻田受淹；低温多雨；偏施氮肥，密植
病害循环	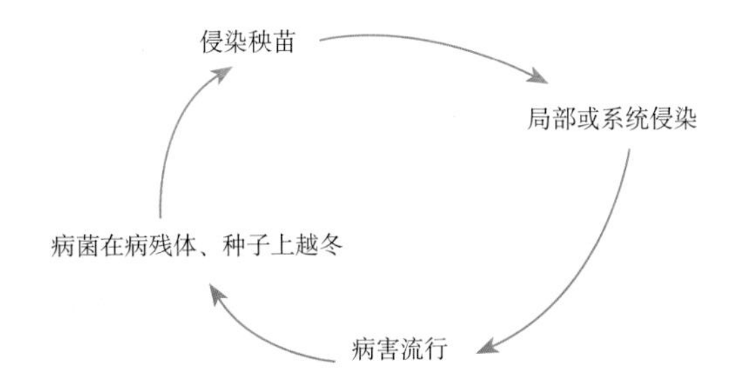

防治适期 防治水稻细菌性褐条病应以控制菌源、加强田间管理、培育壮秧等措施为主，化学防治为辅。

防治措施

（1）**种子田间处理** 做好种子处理、铲除田间越冬发病植株是控制田间菌量的主要途径。种子处理可以与水稻其他细菌性病害的防治一并进行。

（2）**加强田间管理，疏通沟渠、及时排水** 保持稻田沟渠畅通，清沟排水，减少低洼积水，合理灌溉，排灌分流，防止串灌、淹苗，可以有效减少病害发生；大田增施磷、钾肥；发病田块或台风、大雨过后，增施叶面肥，可以促进水稻植株恢复生长，提高抗病力，减轻发病程度。

（3）**化学防治** 在秧田期或本田期发现病株或发病中心后，或在老病区于台风来临前或台风过后，必须对发病田或感病品种田，或受淹田块，进行全面的化学防治。

水稻条纹叶枯病

田间症状 心叶基部出现褪绿黄白斑，后扩展成与叶脉平行的黄色条纹，条纹间仍保持绿色（图34）。不同品种表现不一，糯稻、粳稻和高秆籼稻心叶黄白、柔软、卷曲下垂，呈枯心状。矮秆籼稻不呈枯心状，出现黄绿相间条纹，分蘖减少，病株提早枯死。病毒病引起的枯心苗与水稻三化螟为害造成的枯心苗相似，但无蛀孔，无虫粪，不易拔起，有别于蝼蛄为害

图34 水稻条纹叶枯病症状

造成的枯心苗。分蘖期发病，先在心叶下一叶基部出现褪绿黄斑，后扩展形成不规则黄白色条斑，老叶不显病（图35）。籼稻品种不枯心，糯稻品种半数表现枯心。病株常有枯孕穗或穗小畸形不实。拔节后发病，在剑叶下部出现黄绿色条纹，各类型稻均不枯心，但抽穗畸形，结实很少。

图35 田间症状

发生特点

病害类型	病毒性病害
病　原	病原为水稻条纹病毒（*Rice stripe virus*，RSV），是纤细病毒属（*Tenuivirus*）的代表种
越冬场所	病毒主要在越冬的灰飞虱若虫体内越冬，部分病毒可在大麦、小麦及杂草病株体内越冬
传播途径	主要由带毒灰飞虱以持久性经卵方式传播
发病原因	水稻感病生育期与灰飞虱迁移扩散高峰期相遇
病害循环	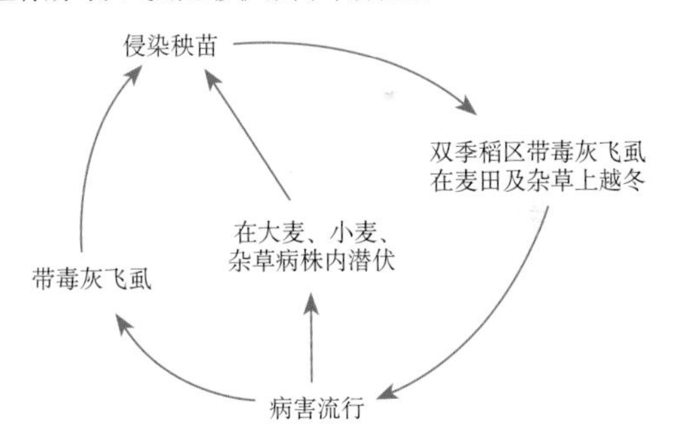

防治适期 水稻感病生育期严格控制迁入的带病毒灰飞虱数量。

防治措施

（1）种植抗（耐）病品种。成片种植抗（耐）病品种，防止灰飞虱迁移传病。治虫防病，可结合小麦穗期蚜虫防治，开展灰飞虱防治。

（2）**加强田间管理** 清除田边、地头、沟旁杂草，减少初始病毒传播媒介。

（3）**药剂防治** 药剂拌种，用48%毒死蜱长效缓释剂、20%毒·辛，按种子量的0.1%拌种，防效可达50%以上，重点抓好秧苗期灰飞虱的防治，使用药剂参见灰飞虱。

水稻黑条矮缩病

田间症状 主要症状表现为分蘖增加，叶片短阔、僵直，叶色深绿，叶背的叶脉和茎秆上初现蜡白色后变褐色的短条瘤状隆起。不抽穗或穗小，结实不良。不同生育期染病后的症状略有差异。苗期发病，心叶生长缓慢，叶片短宽、僵直、浓绿，叶脉有不规则蜡白色瘤状突起，后变黑褐色。根短小，植株矮小，不抽穗，常提早枯死。分蘖期发病，新生分蘖先显症，主茎和早期分蘖尚能抽出短小病穗，但病穗缩藏于叶鞘内。拔节期发病，剑叶短阔，穗颈短缩，结实率低。叶背和茎秆上有短条状瘤突（图36）。

图36　水稻黑条矮缩病症状

发生特点

病害类型	病毒性病害
病 原	水稻黑条矮缩病毒（*Rice black-streaked dwarf virus*，RBSDV），属呼肠孤病毒科（Reoviridae）斐济病毒属（*Fijivirus*）
越冬场所	由带毒灰飞虱、白背飞虱等传播，主要以灰飞虱为主
传播途径	病毒主要在大麦、小麦、杂草病株上越冬，也可在灰飞虱体内越冬
发病原因	水稻生育时期与灰飞虱的迁飞高峰期吻合度高；灰飞虱迁入量和发生量大；冬季气温升高
病害循环	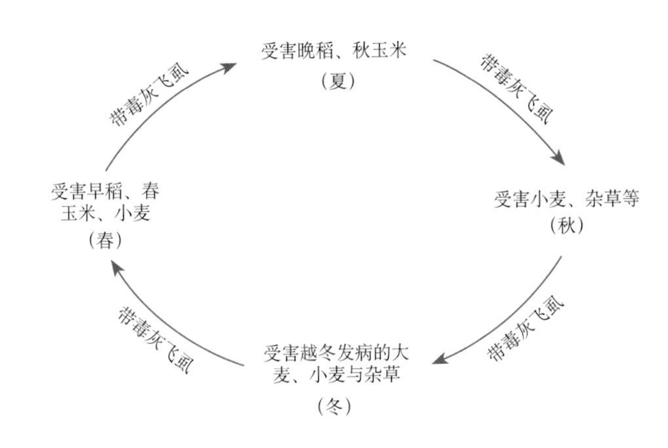

防治适期 水稻感病生育期严格控制迁入的带病毒灰飞虱数量。

防治措施

（1）**农业防治** 选用抗（耐）病良种，连片种植，并同时移栽。清除田边杂草，压低虫源、毒源。

（2）**化学防治** 种子进行药剂处理，用25%咪鲜胺乳油对种子进行消毒处理的同时，在种子催芽露白后进行拌种。做好秧田及四周杂草的灰飞虱防治，可在越冬代二至三龄若虫盛发期喷洒10%醚菊酯悬浮剂防治。

南方水稻黑条矮缩病

田间症状 秧苗期感病稻株严重矮缩，叶色深绿、不拔节，重病株早枯死亡；本田初期感病稻株明显矮缩（图37），叶背及茎秆出现条状乳白色

图37　田间矮缩症状

或白色，后变深褐色小突起（图38），高位分蘖及茎节部倒生气生须根，不抽穗或仅抽包颈穗；拔节期感病稻株矮缩不明显，能抽穗，穗小，不实粒多，粒重轻。除水稻外，玉米、稗草、水莎草、白草也是南方水稻黑条矮缩病毒的寄主，玉米早期感病植株严重矮缩、不结穗，中、后期感病植株矮化、穗小、粒瘪。迁飞性害虫白背飞虱为主要传毒媒介，若虫、成虫均能传毒，且传毒效率非常高。

图38　茎秆症状

发生特点

病害类型	病毒性病害
病　原	南方水稻黑条矮缩病毒（*Southern rice black-streaked dwarf virus*，SRBSDV）是主要病原物，属呼肠孤病毒科斐济病毒属
越冬场所	病毒初侵染源主要由迁入性白背飞虱成虫携毒传入

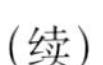

（续）

传播途径	每年春季随着白背飞虱的北迁，病害由南向北逐渐扩散
发病原因	带毒白背飞虱入侵期与水稻秧苗期或本田早期相吻合，而且其入侵数量大、繁殖速率快
病害循环	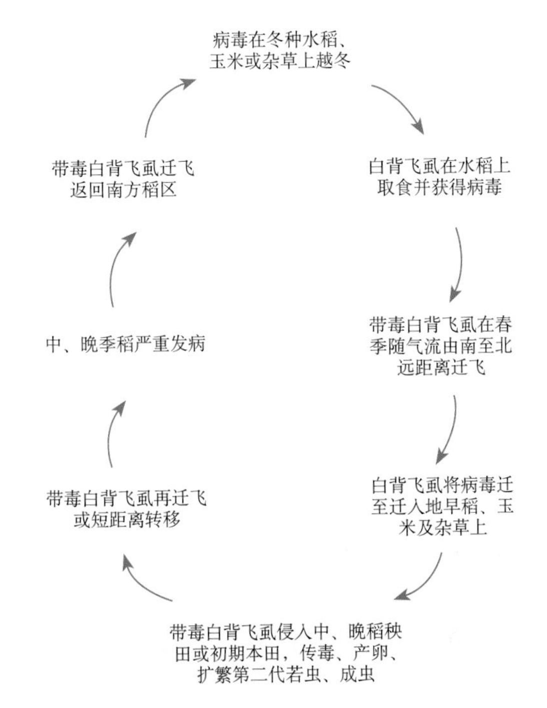

防治适期 重点抓好中、晚稻秧田及拔节期以前白背飞虱的防治。

防治措施 根据南方水稻黑条矮缩病发生规律及近年防控实践，长期防控该病应实施区域间、年度间、稻作间及病虫间的联防联控。各地可因地制宜，以控制传毒介体白背飞虱为中心，采取“治秧田保大田，治前期保后期”的治虫防病策略。

（1）**联防联控** 加强华南等地早春毒源扩繁区的病虫防控，有利于减轻长江流域等北方稻区病害的发生程度。做好早季稻中、后期病虫防治，有利于减少本地及迁入地中、晚季稻的毒源侵入基数。

（2）**治虫防病** 重点抓好中、晚季稻秧田及拔节期以前白背飞虱的防治。选择合适的育秧地点、适宜的播种时间或采用物理防护，避免或减少带毒白背飞虱侵入秧田。采用种衣剂或内吸性杀虫剂处理种子。移栽前，秧田喷施内吸性杀虫剂。移栽返青后，根据白背飞虱的虫情及其带毒率进行施药治虫，具体方法见白背飞虱的防治。

（3）**选用抗病虫品种** 该病的抗性品种尚在筛选和培育中，但生产上已有一些抗白背飞虱品种，可因地制宜地加以利用。

（4）**栽培防病** 通过病害早期识别，弃用高带毒率的秧苗。对于分蘖期矮缩病株率为3%～20%的田块，应及时拔除病株，从健株上掰蘖补苗。对重病田及时翻耕改种，以减少损失。

水稻齿叶矮缩病

田间症状 水稻病症主要表现为病株浓绿矮缩，分蘖增多，叶尖旋卷。叶缘有锯齿状缺刻（图39），叶鞘和叶片基部常有长短不一的线状脉肿。脉肿即为叶脉（鞘）局部突出，呈黄白色脉条状膨胀，长0.1～0.85厘米，多发生在叶片基部的叶鞘上，但亦有发生在叶片基部的。病害症状在不同生育期、不同水稻品种中表现不同。

图39 叶部症状

发生特点

病害类型	病毒性病害
病　原	水稻齿叶矮缩病毒（*Rice ragged stunt virus*，RRSV），属于呼肠孤病毒科水稻病毒属（*Oryzavirus*），在自然条件下，只侵染稻属（*Oryza*）中的亚洲栽培稻（*O. sativa*）、宽叶野生稻（*O. latifolia*）和尼瓦拉野生稻（*O. nivara*）。但经人工接种，也可侵染小麦、玉米、大麦、燕麦、稗草、甘蔗、李氏禾、蟋蟀草、看麦娘、水蜈蚣和棒头草等植物
越冬场所	病毒在褐飞虱体内越冬
传播途径	介体昆虫为褐飞虱
发病原因	带毒褐飞虱发生期与水稻敏感期吻合度高，且发生量较大，水稻抗性弱
病害循环	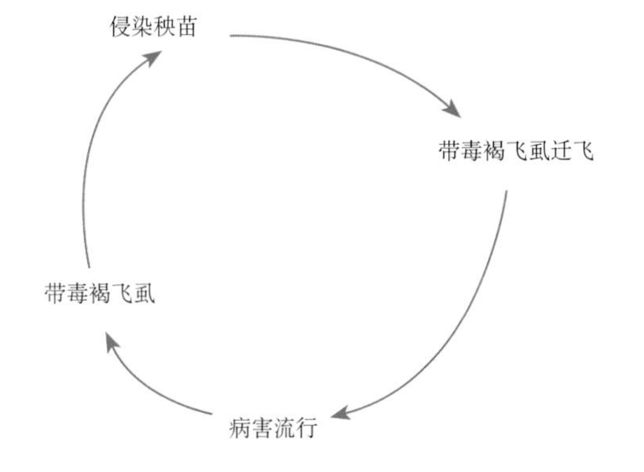

防治适期 褐飞虱发生期。

防治措施

（1）**农业防治**　选用抗病品种，减少单、双季稻混栽面积，减少褐飞虱辗转为害是减轻该病的重要方法。

（2）**化学防治**　做好治虫防病，使用药剂参见褐飞虱的防治。

水稻旱青立病

田间症状 病株在孕穗前和健壮株没有明显的差异。在抽穗时，茎叶突然明显变浓变绿，变粗变硬，抽穗速度较健壮株慢，有卡口和包颈现象；穗粒枝梗多呈扫帚丝状，穗上混生少数健粒，多数颖壳畸形，内外颖尖弯曲，呈鹰钩嘴状，不能正常闭合；内外颖不在同一平面，呈夹角，比例不协调或有外颖无内颖，或反之；颖花丛生，重颖；雌雄蕊退化，不能正常发育；护颖畸形增大，部分颖花脱化；结实率低，减产严重（图40）。

图40　穗部典型症状

发生特点

病害类型	生理性病害
发病原因	土壤有机质含量低，土壤容易淀浆板结，理化性质差，活性微量元素不足

防治适期 水稻种植初期。

防治措施 补充锌肥、硼肥、铁肥等微肥，合理浇水。施用石灰和换水对水稻旱青立病有良好的防效。

PART 2
虫　害

褐飞虱

分类地位 褐飞虱（*Nilaparvata lugens*），属半翅目飞虱科。

为害特点 褐飞虱为单食性害虫，成虫和若虫群集在稻株下部吸食水稻汁液（图41），消耗稻株营养和水分，并在稻株上留下褐色伤痕、斑点；严重时引起稻株枯死倒伏，俗称“冒顶”“穿顶”“虱烧”（图42），导致严重减产，甚至失收。褐飞虱经常排泄蜜露污染稻株，严重时稻丛1/3以下部位滋生烟霉，变成“黑秆”（图43）。基部附近土壤常变黑，是褐飞虱严重为害的一个重要标志。

图41　褐飞虱群集为害

图42　褐飞虱大田为害状

图43 受害稻丛基部“黑秆”

形态特征

成虫：有长、短两种翅型。长翅型成虫体长4 ~ 5毫米，前翅端伸达腹部第五、六节，后翅退化。体黄褐色或黑褐色，复眼绿褐色或黑褐色，前胸背板和中胸小盾片上有3条明显的突起线，中间一条不间断。短翅型翅短，翅不达腹部末端，体长2 ~ 4毫米（图44）。

褐飞虱

卵：略弯曲，呈香蕉形，初产时乳白色，后渐变为淡黄色，并出现红色眼点。产于叶鞘和叶片组织内，数粒或十粒单行排列成卵条（图45）。

若虫：共分5龄，头圆尾稍尖，落水后后足向两侧平伸近“一”字形，有深浅不同的色型，三龄以上色型差异较大（图46）。一龄若虫无翅芽，中、后胸后缘较平直；腹部第四节和部分第五节与背中线形成一浅色的T形斑纹。二龄若虫翅芽初显，中、后胸后缘两侧向后延伸成角状。前翅芽端伸过后胸前缘。三龄若虫翅芽明显，中、后胸两侧均向后延伸成“八”字形翅芽。腹部第三、四节背上各出现1对白色蜡粉样的浅色斑纹。四、五龄若虫体色、斑纹同三龄，翅芽更明显。

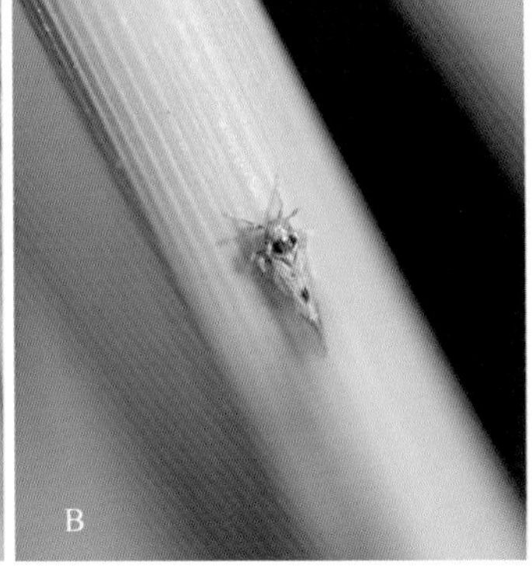

图44 褐飞虱成虫
A.短翅成虫 B.长翅成虫

图45 褐飞虱产卵痕及卵

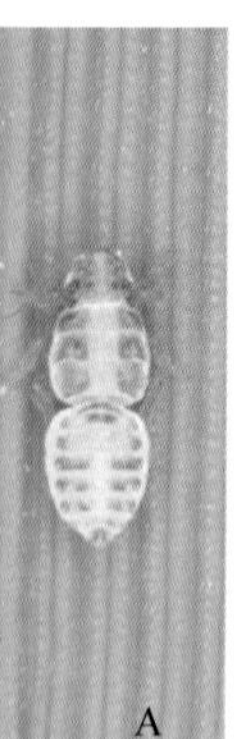

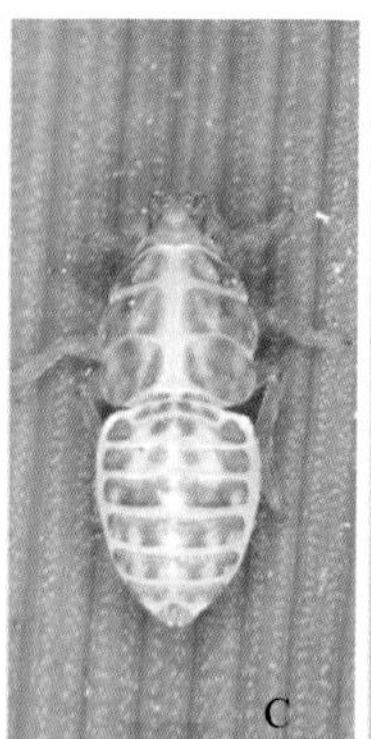

图46　褐飞虱若虫（谢茂成和何佳春提供）
A ~ E依次为一、二、三、四、五龄若虫

发生特点

发生代数	褐飞虱属喜温性害虫，一般1年发生1 ~ 12代不等。随着纬度的降低和气温的上升世代数递增，田间世代重叠严重
越冬方式	我国仅广东、广西、福建和云南南部以及台湾、海南等地区有少量成虫、若虫或卵在再生稻、落谷稻苗上越冬
发生规律	每年3月下旬至5月，随西南气流由中南半岛迁入两广南部，繁殖2 ~ 3代后于6月早稻黄熟时产生大量长翅型成虫，随季风北迁至南岭发生区，7月中下旬南岭区早稻黄熟收割，再北迁至长江流域及以北地区。秋季（9月中下旬至10月上旬），长江流域及以北地区水稻黄熟产生大量长翅型成虫，随东北气流向西南回迁。 成虫迁出时，先爬到稻株上部叶片或穗上，在气象条件适宜时主动向空中飞去。夏、秋季一般于日出前或日落后起飞，为晨暮双峰型，晚秋起飞一般都集中在暖和的下午，为日间单峰型。成虫喜欢向分蘖盛期、生长嫩绿的稻田迁入及转移、扩散
生活习性	成虫和若虫喜阴湿，常常聚集在稻丛下部取食，夏季高温天气聚集在基部取食为害。盛夏不热、深秋不凉、夏秋多雨极易导致褐飞虱大发生。长翅型成虫有趋光性，对双色灯及金属卤化物灯的趋性较强，20：00—23：00扑灯最多

防治适期 双季稻地区主害代防治适期，早稻每百丛1 000 ~ 1 500头；晚稻每百丛1 500 ~ 2 000头，黄熟期2 500 ~ 3 000头。各类单季晚稻或连作晚稻拔节孕穗期，百丛短翅雌虫达10 ~ 20头时应防治。

防治措施

（1）农业防治

①推广抗（耐）虫高产优质品种是目前最经济、安全、有效的措施。

②科学用水，浅水勤灌；合理施肥，重施基肥、早施追肥；增加田间通风透光度，创造促进水稻生长而不利于褐飞虱滋生的田间小气候，是控制褐飞虱为害的重要环节。

③保护利用天敌。稻田蜘蛛、黑肩绿盲蝽等自然天敌，能有效控制褐飞虱数量。可在稻田周围保留合适的植被如禾本科杂草等调节非稻田生境，提高天敌对稻田害虫的控制作用。当早稻蜘蛛与飞虱数量之比为1 ∶ 5，单季晚稻蜘蛛与飞虱数量之比为1 ∶ 9，百丛褐飞虱1 000 ~ 1 500头时，一般不需要使用化学药剂防治。

（2）化学防治 单季晚稻和大发生年份的连坐晚稻适合采用“压前控后”的防治策略，双季早稻及中等偏重及以下年份的连坐晚稻可采用“狠治主害代”的策略。宜选用高效、低毒、选择性农药。一般主害代之前的一代需要用噻嗪酮、吡蚜酮、噻虫嗪和烯啶虫胺等持效性长的药剂，主害代应该选用异丙威、毒死蜱等速效性好、持效期短的药剂。另外，随着褐飞虱抗药性的提高，吡虫啉已不再适用于防治褐飞虱。

易混淆害虫 褐飞虱、灰飞虱、白背飞虱及稗飞虱形态容易混淆，具体区分见下表。

特征	种类			
	褐飞虱	灰飞虱	白背飞虱	稗飞虱
后足第一跗节	外侧具小刺	外侧不具小刺		
头顶	近方形，稍突出于复眼前方		近长方形，明显突出于复眼前方	
额	中部最宽		近端部（下部）1/3处最宽	
颊	褐色至黑褐色	黑色	雄：黑褐色 雌：灰褐色	雌：黑色 雄：黄褐色
中胸背板	褐色至黑褐色	雄：黑色 雌：中部黄褐色，两侧暗褐色	中部黄白色，两侧黑褐色	中部淡黄 雄：两侧黑褐色； 雌：两侧黄褐色
翅斑	有			无

灰飞虱

分类地位 灰飞虱（*Laodelphax striatellus*）属半翅目飞虱科。

为害特点 灰飞虱的发生比褐飞虱和白背飞虱早，主要在早中稻秧苗期、本田分蘖期和晚稻穗期发生为害。长江中下游地区主要为害早稻。成虫和若虫一般群集在稻丛中上部叶片，吸食水稻汁液，穗期群集在穗部取食（图47）。灰飞虱的为害状与褐飞虱和白背飞虱不同，虽然吸食汁液也会导致稻株枯黄，以及分泌蜜露导致叶片滋生霉菌，但较少出现“虱烧”“黄塘”症状。

图47　灰飞虱群集稻穗吸食为害

灰飞虱是水稻条纹叶枯病毒（RSV）、水稻黑条矮缩病毒（RBSDV）、小麦丛矮病毒（WRSV）和玉米粗缩病（MRDV）的传播媒介。传播病毒的为害损失远远大于直接吸食的为害损失。

形态特征

成虫：雄虫大部分体呈黑色或黑褐色，雌虫呈黄褐色。头顶端半两侧脊间，额、颊、唇基和胸部侧板黑褐色；头顶后半部、前胸背板、中胸翅基片、额和唇基脊、触角和足淡黄褐色。雄虫中胸背板黑色，仅小盾片末端和后侧缘黄褐色，小部分个体中胸背板中域颜色较浅。雌虫中胸背板中域淡黄色，侧脊外侧具暗褐色宽条（图48）。

灰飞虱

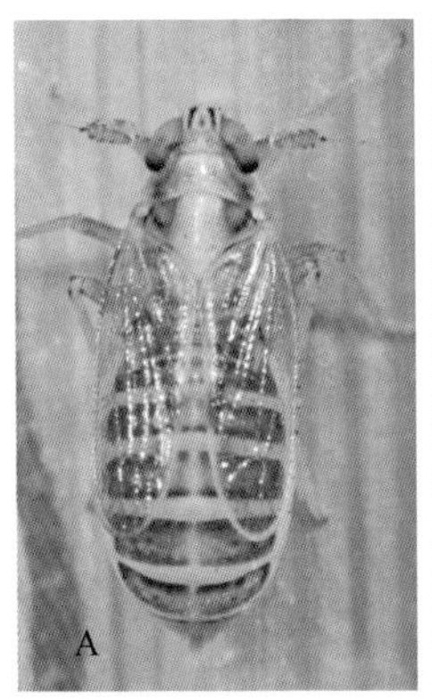

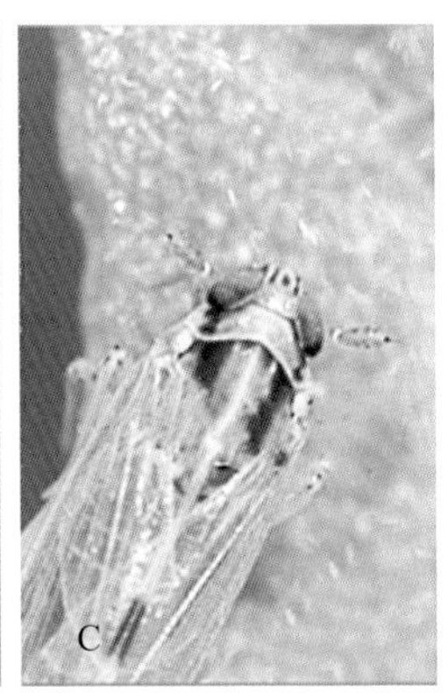

图48 灰飞虱成虫

A.短翅雌虫 B.短翅雄虫 C.长翅雌虫 D、E.长翅成虫

卵：初产时乳白色、半透明，后变为淡黄色（图49）。

若虫：长椭圆形，有深、浅两种色型（图50）。一龄若虫体长1.0毫米，灰白色至淡黄色，腹背无斑纹，或有不明显的浅灰色横条纹。二龄若虫体长1.2毫米，灰白色至灰黄色，身体两侧颜色开始变深，呈深灰色至灰褐色，翅芽不明显。三龄若虫体长1.5毫

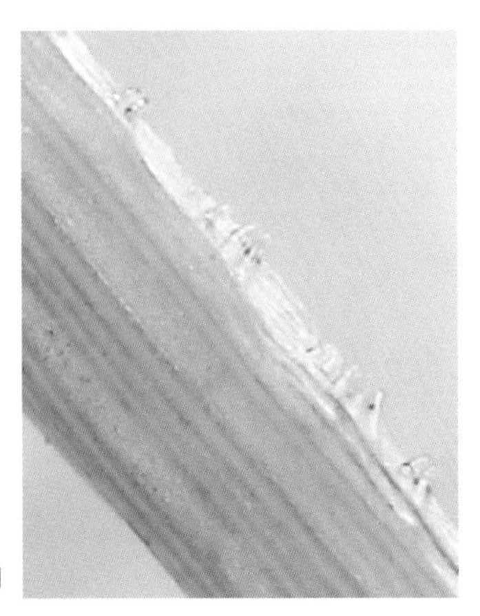

图49 灰飞虱卵

米，灰黄色至黑褐色，胸部背面有不规则的深色斑纹，腹背两侧缘色深，中间色浅，第三、四节背面各有1对淡色“八”字形斑，有的第六至八节背面中央具模糊的浅横带。四龄若虫体长2.0毫米，前翅芽伸达后胸后缘，后翅芽伸达腹部第二节，其余同三龄。五龄若虫体长2.7毫米，长翅型前翅芽伸达腹部第四至五节，短翅型伸达第三至四节，盖住后翅芽，其余同四龄。

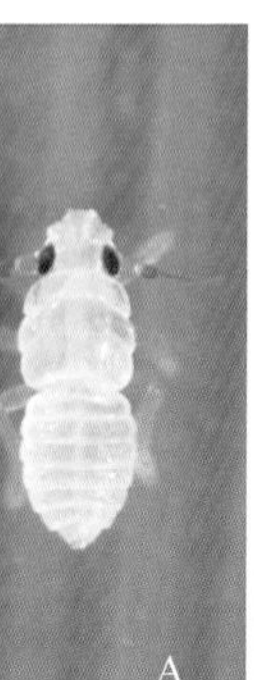

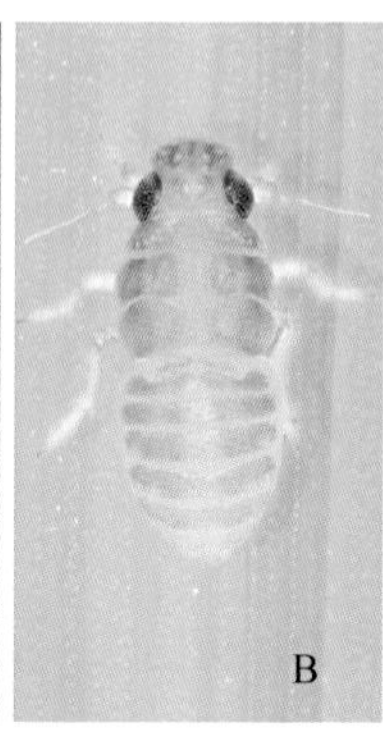

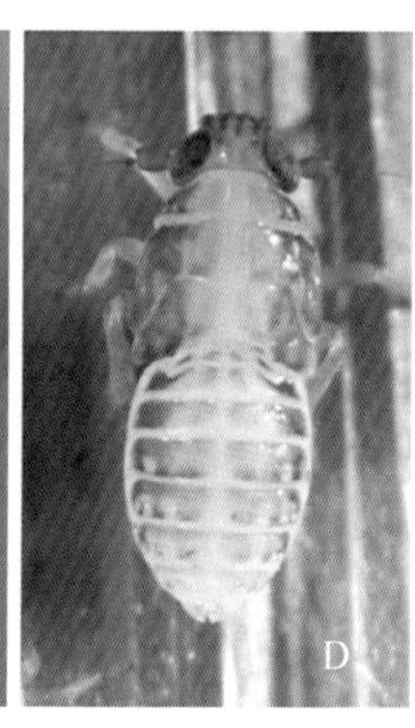

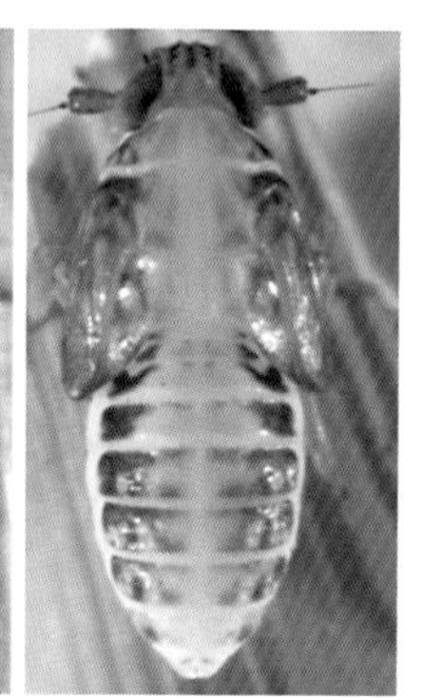

图50　灰飞虱若虫（谢茂成和何佳春提供）
A～E依次为一、二、三、四、五龄若虫

发生特点

发生代数	灰飞虱在东北的吉林1年发生3～4代，华北地区4～5代，长江流域1年发生5～6代，福建6～8代，广东、广西、云南1年发生7～11代，这三个地区的南部无越冬现象
越冬方式	华南等地无越冬现象，冬季为害小麦；其他地区多以三、四龄若虫越冬，越冬场所包括麦、紫云英、蚕豆、胡萝卜以及田埂、荒地
发生规律	江苏、浙江、湖北等地区1年发生5～6代，以若虫在麦田、绿肥田边、沟边杂草上越冬。3—4月间羽化为成虫，在麦田繁殖一代后迁入早、中稻田为害。一般6—7月田间虫口密度大，短翅型增多，为害较严重。早、中稻收割时迁移到晚稻秧田及杂草上，晚稻受害较轻
生活习性	有迁飞习性，也具有较强的耐寒能力，但对高温适应性差，温度超过30℃时死亡率高。长翅型成虫有趋光性，但比褐飞虱弱，成虫具有明显的趋嫩性，也喜欢通风透光性良好的环境，常栖息于植株较高的部位，田边聚集较多

防治适期 一、二代成虫迁飞高峰期和低龄若虫孵化高峰期。

防治措施 灰飞虱的主要为害在于传播病毒，因此该虫防治主要在于控制病毒病为害，防治措施类似于褐飞虱和白背飞虱。

（1）**农业防治** 铲除田内、外杂草，春季在越冬代成虫羽化前适时耕翻，减少越冬虫源。因地制宜，适当调节水稻播种期，减少麦田迁出的灰飞虱及其带来的病毒病为害。加强肥水管理，使植株生长健壮，提高抗虫性。

（2）**物理防治** 在病毒病流行区，用防虫网或无纺布覆盖秧田，可有效阻止灰飞虱传播病毒。

（3）**化学防治** 建议在成虫迁飞高峰期和低龄若虫孵化高峰期用药，药剂及施药技术参考白背飞虱和褐飞虱。

易混淆害虫 见褐飞虱。

白背飞虱

分类地位 白背飞虱（*Sogatella furcifera*），又名火蠓子、火旋，属半翅目飞虱科。

为害特点 成虫、若虫群集于稻丛基部，吸食稻株汁液（图51），导致

图51　白背飞虱田间为害状

受害水稻丧失水分和养分，叶片发黄，同时分泌蜜露而滋生烟煤，导致下部稻丛变黑，形成“黑秆”（图52），影响光合作用，逐渐导致全株枯萎，俗称“冒穿”“黄塘”“通火”等（图53）。与褐飞虱不同的是，白背飞虱形成的“黑秆”部位较高，可达植株的2/3位置甚至更高。

图52　受害稻丛基部“黑秆”

图53　白背飞虱吸食引起的“黄塘”

形态特征

成虫：分长翅型和短翅型两种。雄虫多为长翅型，体连翅长3.3 ~ 4.0毫米，此虫罕见，体长2.8 ~ 3.1毫米，短翅型雄虫体长2.7 ~ 3.0毫米。雌虫长翅型体长4.0 ~ 4.6毫米，短翅型3.5毫米，前翅伸达腹部第六节。雄虫黑褐色，雌虫灰黄色。头部狭窄，突出在复眼前方，头顶、前胸背板、中胸背板中间形成一条黄白色的纵带（图54）。

卵：长约8毫米，宽0.2毫米。初产新月形或豆荚形，乳白色，后变为尖辣椒形，淡黄色，具红色眼点。一般产于叶鞘中脉附近及叶片中脉组织内，卵帽不外露（图55和图56）。

若虫：近橄榄形，头尾稍尖，有深、浅两种色型（图57）。一龄若虫体长1.1毫米，腹部背面形成清晰的“丰”字形斑纹。二龄若虫体长1.3毫米，胸部和腹部背面有灰黑色斑纹，翅芽初现。三龄若虫体长1.7毫米，

翅芽明显，腹部第三、四节背面有一对浅色三角形大斑。四龄若虫体长2.2毫米，前后翅芽长度相等，浅色三角形斑纹清晰。五龄若虫体长2.9毫米，前翅芽端超过后翅芽，到达腹部第四节。

图54　白背飞虱成虫

A.短翅型成虫（上）与长翅型成虫（下）　B.长翅型成虫

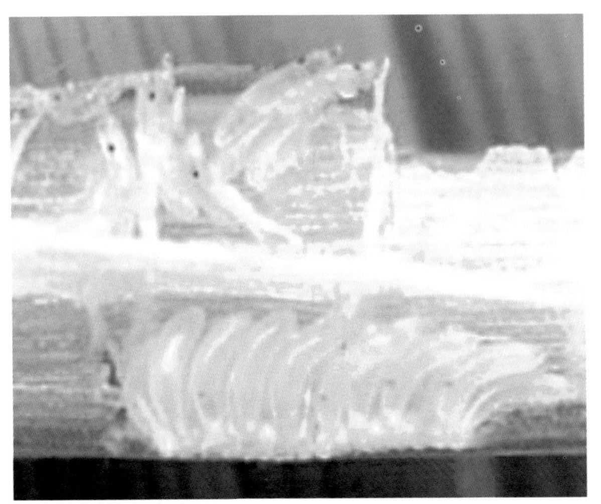

图55　白背飞虱卵

图56　白背飞虱产卵痕

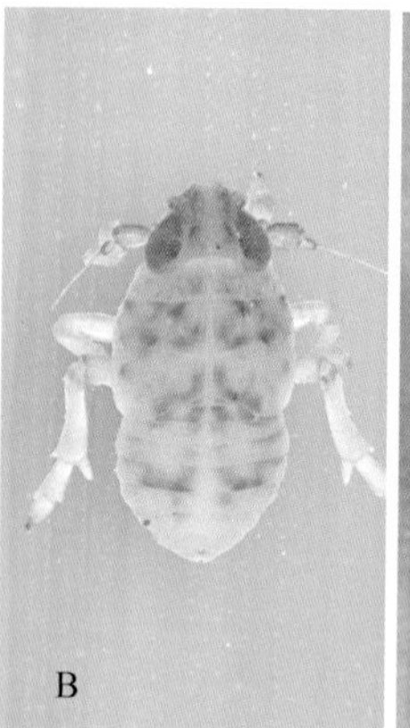

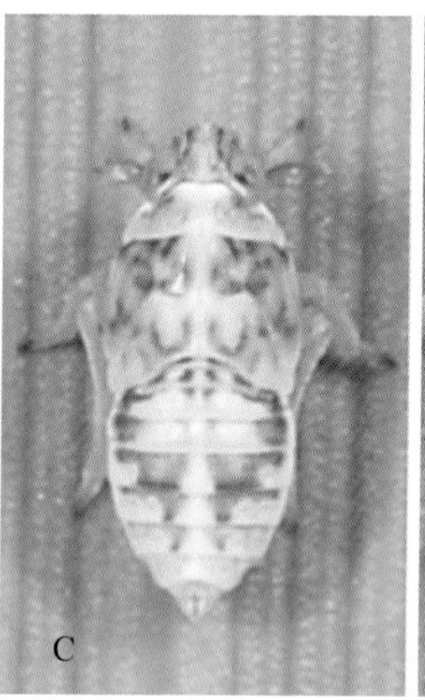

图57　白背飞虱若虫

A.一龄若虫（下）与二龄若虫（上）　B.三龄若虫　C.四龄若虫　D.五龄若虫

发生特点

发生代数	1年发生4 ～ 12代。云南和南岭以南1年发生7 ～ 11代，广东南部、福建6 ～ 8代，湖南、重庆、湖北交界处发生5 ～ 7代，浙江黄岩5代，长江中下游4代左右，云南贵州北部和淮河流域以北2 ～ 4代
越冬方式	初始虫源主要由外地迁入，我国的海南岛南部和云南最南部地区可终年繁殖
发生规律	各地从始见虫源迁入到主要为害期，一般历时50 ～ 60天。中南半岛是我国白背飞虱的主要虫源地。3月迁入珠江流域和云南红河州，4月迁至广东、广西北部与湖南、江西南部及贵州、福建中部；5月中旬至6月中旬，迁入长江中下游地区，6月下旬至7月初，南岭地区早稻成熟，淮北、华北和东北南部可见迁入成虫。8月下旬，北方稻区迁出虫源向南回迁，为害华南双季晚稻
生活习性	成虫具有远距离迁飞特性，具有强趋光性和趋嫩性；若虫多生活在稻丛下部，部分低龄若虫在幼嫩心叶上取食，三龄前取食少，四至五龄食量大，为害重

防治适期 由于白背飞虱极易传播南方水稻黑条矮缩病毒，因此化学防治策略需考虑水稻黑条矮缩病流行情况。在非病毒流行区，一般可采用重点防治主害代的策略，但在常年重发区或成虫迁入量特别大而集中的年份，可采用防治迁入高峰期成虫和主害代低龄高峰期若虫相结合的对策。杂交稻破口孕穗期主害代百丛虫量达到1 000 ～ 1 500头，常规稻孕穗破口期、抽穗灌浆期百丛虫量分别达到600 ～ 800头、1 000 ～ 1 200头时开

始防治；当迁入代成虫百丛虫量达100 ～ 200头时开始防治。在病毒流行区域或迁飞成虫带毒率高的地区，采用“狠治迁入代，控制主害代”的防治策略。若白背飞虱带毒率高，百丛虫量5 ～ 20头开始防治，带毒率低时，百丛虫量50 ～ 100头开始防治。

防治措施 参考褐飞虱的防治。

易混淆害虫 见褐飞虱。

稻纵卷叶螟

分类地位 稻纵卷叶螟（*Cnaphalocrocis medinalis*），又名稻纵卷叶虫、刮青虫，属鳞翅目草螟科。

为害特点 在水稻分蘖期至抽穗期都能遭受稻纵卷叶螟为害，初孵幼虫不结苞，只取食心叶或嫩叶鞘。随着虫量增大，幼虫缀丝纵卷水稻叶片成圆筒状虫苞，幼虫躲藏在苞内取食，留下表皮呈白色条斑（图58）。为害严重时出现“虫苞累累，白叶满田”（图59）。以四、五龄幼虫为害最严重。

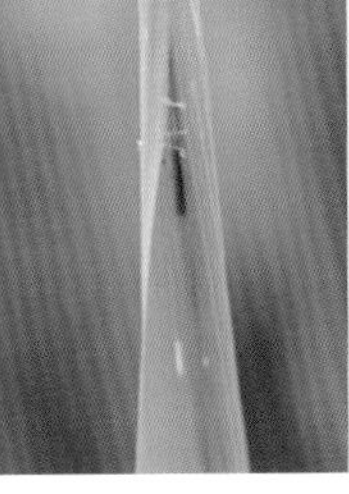

图58 稻纵卷叶螟为害状

图59 白叶满田

形态特征

成虫：体长7 ~ 8毫米，复眼黑色，体背与翅膀黄褐色。前后翅外缘有黑褐色宽边，前翅前缘有3条黑褐色横线，外缘有1条暗褐色宽带。后翅有2条黑褐色横线。雄蛾前翅前缘中部有1黑色毛簇组成的眼妆纹，雌蛾没有（图60）。

稻纵卷叶螟

卵：长约1毫米，椭圆形，扁平，中部稍凸起，初产时乳白色，近孵化时淡黄褐色，被寄生卵黑褐色（图61）。

幼虫：体细长，圆筒形，略扁（图62）。共5龄，少数6龄。一龄幼虫体长1.7毫米，头黑色，体淡黄绿色，前胸背板中央无黑点。二龄幼虫体长3.2毫米，头淡褐色，体黄绿色，前胸背板前缘和后缘中部各具2个黑点。三龄幼虫体长6.1毫米，头褐色，体草绿色，前胸背板后缘有2个三角形黑斑，中、后胸背面斑纹清晰可见。四龄幼虫体长9毫米，前胸背板前缘具2个黑点，两侧分布多个小黑点，连成括号形，中、后胸背面斑纹黑褐色。五龄幼虫体长14 ~ 19毫米，前胸盾板淡褐色，上有1对黑褐色斑纹，中、后胸背面各有8个毛片，分两排分布。

预蛹：体比五龄幼虫短，长11.5 ~ 13.5毫米，淡橙红色。体躯伸直，体节膨胀，腹足及臀足收缩，活动能力减弱（图63）。

蛹：长圆筒形，末端较尖细。蛹外常包裹薄茧（图64）。

图60　稻纵卷叶螟成虫

A.雄虫　B.雌虫　C.成虫

图61 稻纵卷叶螟卵

图62 稻纵卷叶螟幼虫

图63 稻纵卷叶螟预蛹

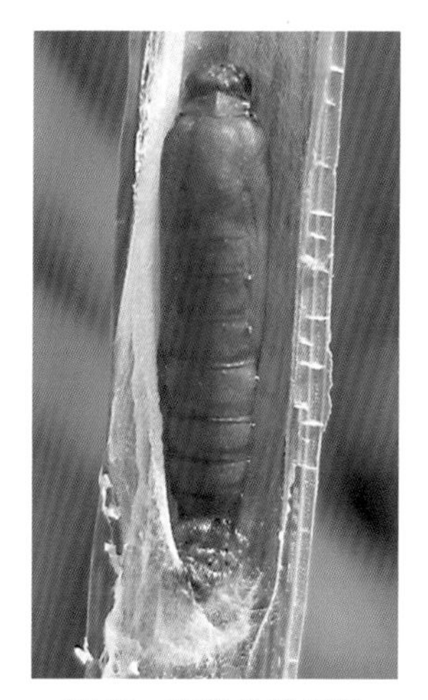

图64 稻纵卷叶螟蛹

发生特点

发生代数	稻纵卷叶螟在我国各地的发生世代随着纬度的升高从南向北顺次递减。1年发生1～11代，且世代重叠。台湾南部、海南、云南元江和西双版纳1年发生9～11代，周年为害，无越冬现象；向北，越冬代数少，华北、东北各地发生1～3代
越冬方式	雷州半岛、海南岛、台湾南端及云南南部冬季温暖区周年繁殖；岭南地区以蛹和少量幼虫越冬；岭北以少量蛹越冬，1月4℃等温线以北的地区无法越冬

（续）

发生规律	2—3月和7月中旬至9月为害海南稻区水稻；4月下旬至5月中旬和8月下旬至9月中旬为害广东大部、广西南部、台湾大部、福建南部；5月下旬至6月中旬迁入广西北部、福建中北部、湖南、江西、浙江全省，湖北、安徽南部稻区，7—9月为害；6月下旬至7月中旬迁入江苏，安徽、湖北中北部，河南、上海稻区，7月下旬至9月初为害；7月中旬至8月中旬为害北方单季稻区
生活习性	稻纵卷叶螟具有远距离迁飞的习性，春、夏季随西南气流逐代逐区北迁，秋季随高空的东北风向南回迁，完成周年迁飞循环。多选择在晚上6：30以后起飞，飞行高度一般在500米以下 成虫趋绿，常常聚集在生长幼嫩、荫蔽、湿度大的稻田，或生长茂盛的草丛或甘薯、大豆、棉花等田中。具有趋光性，喜欢夜间活动。羽化后1～2天交配，产卵，一般将卵产于嫩绿、叶宽的稻秆上。湿度大的环境有利于初孵幼虫活动、结苞和取食，幼虫孵化后爬入心叶或心叶附近的嫩叶鞘内啃食叶肉

防治适期 防治适期一定要掌握在新出稻叶片出现新虫苞时，若成虫量大，防治适期提前到始见蛾后1周（约为卵孵化期）。

防治措施

（1）**农业防治** 选用抗（耐）虫品种、科学管理肥水，施足基肥、适时追肥，后期不贪青，调控水稻生长。

（2）**生物防治** 保护和利用天敌，提高自然控制能力，可在稻纵卷叶螟产卵始盛期至高峰期，分期分批释放赤眼蜂，喷洒杀螟杆菌、青虫菌等药剂。

（3）**化学防治** 防治稻纵卷叶螟以保护水稻三片功能叶为重点，适时开展化学防治。当百丛卵量超过150粒或分蘖期每25丛出现15个以上新虫苞、孕穗期每25丛超过10个新虫苞时，立即进行化学防治。参考药剂有5%阿维菌素乳油、48%毒死蜱乳油、5%氟铃脲乳油。

易混淆害虫 常易与稻显纹纵卷叶螟混淆，区分方法见下表。

虫态	部位	稻纵卷叶螟	稻显纹纵卷叶螟
老熟幼虫	前胸背板	1块大红褐色骨片，12根刚毛；骨片外侧有两个小点，侧缘各有一个由褐点组成的弧形斑	中部2块大黄褐色骨片，左右对称，着生5根刚毛
	中、后胸背板	3排骨片，2-6-2排列，骨片前缘、外缘和后缘黑色	3排骨片，2-6-4排列，骨片上无黑色斑点

（续）

虫态	部位	稻纵卷叶螟	稻显纹纵卷叶螟
成虫	翅	翅金黄色，横带和纵带黑色。雌蛾前翅中线附近正常，雄蛾前翅靠近中线有1个明显的瘤状斑。后翅内线短，仅达翅中部，外线和外缘纵带平行	翅淡黄色，横带和纵带褐色。内线、中线和外线距离相等且几乎平行，内线从前缘直至后缘，中线不达前缘但达后缘，外线达前缘不达后缘。后翅内线直达后缘，外线和外缘宽纵带相接
	生殖器	雄性外生殖器抱器瓣后缘骨化明显增强，中部之后突然向后突出形成一钩状物；阳茎囊上有明显的骨化区域，但不呈刺状	雄性外生殖器的抱器瓣骨化均匀，表面密被长毛，其后缘在中部之后突然向后突出变宽；阳茎囊上有两根形状和长度相似的刺

稻显纹纵卷叶螟

分类地位 稻显纹纵卷叶螟（*Susumia exigua*），属鳞翅目螟蛾科。

为害特点 与稻纵卷叶螟类似。幼虫吐丝将稻叶从边缘两侧向中央卷成虫苞，隐藏其内取食（图65）。

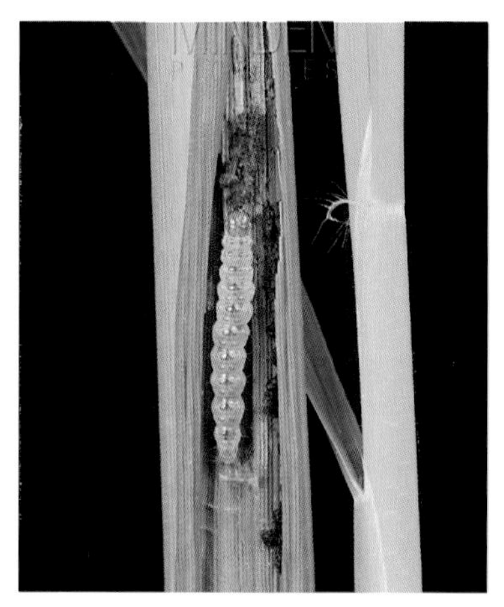

图65 幼虫为害

形态特征

成虫：体长8 ~ 10毫米，翅淡黄色，横带和纵带褐色。前翅前缘横带的宽度接近翅宽的1/4，向外止于外线；外缘纵带的前端加宽，但不与外线相接，后端向内扩张至外线，致使内缘成明显的C形；内线、中线和外线距离相等且几乎平行。腹部灰白色，背面各节端部有淡黄色宽横带（图66）。

幼虫：老熟幼虫体长14 ~ 16毫米，淡黄色。头褐色，前胸背板中部有左右对称的2块大黄褐色骨片，每个骨片着生5根刚毛，中、后胸骨片分3排，前排2个，中排6个，后排4个。

图66　成　虫
A.雄虫　B.雌虫

发生特点

发生代数	广西1年发生3代，四川南部4 ～ 5代
越冬方式	以三、四龄幼虫在发生地的小麦田、谷子田、休闲田的稻桩叶鞘外侧和秆内、再生稻苗及沟边、塘边游草的卷苞内越冬
发生规律	4月底开始化蛹，5—6月、7—8月、8—9月分别出现一、二、三代成虫，三代幼虫为害最重
生活习性	成虫日伏夜出，趋光性强。卵多产于稻叶反面，成虫产卵有趋嫩绿特性。

防治适期 幼虫孵化盛期或三、四龄幼虫高峰期为防治适期。

防治措施 类似于稻纵卷叶螟。

易混淆害虫 见稻纵卷叶螟。

二化螟

分类地位 二化螟（*Chilo suppressalis*），又名钻心虫、蛀心虫、蛀秆虫，属鳞翅目草螟科。

为害特点 二化螟蚁螟从心叶、叶鞘等处侵入，首先取食叶鞘，形成枯鞘（图67）。二龄幼虫以后钻蛀稻茎为害，易形成枯心（图68）、虫伤株（图69）或白穗（图70）。受害茎上有蛀孔，茎秆黄色、易折断，剥开茎秆见大量虫粪（图71）。

图67 枯 鞘

图68 枯 心

图69 虫伤株

图71 茎秆上有虫粪

图70 白 穗

形态特征

成虫：雌虫体长14 ~ 16.5毫米，触角丝状，前翅灰黄色，略呈长方形，沿外缘有7个小黑点，腹部纺锤形。雄虫体长13 ~ 15毫米，前翅中央有1个黑斑，下面有3个小黑点，腹部呈圆筒形，其翅色、体色均较雌虫深，腹部较雌虫瘦（图72）。

卵：卵长13 ~ 16毫米，近椭圆形，卵块长圆形，由10 ~ 200粒卵排列呈鱼鳞状。

幼虫：多为6龄，各龄幼虫体长相差大，幼虫初孵时淡褐色，背部具5条棕色条纹，成熟幼虫头部为红棕色，体色淡褐色，条纹红棕色（图73和图74）。

二化螟

蛹：蛹长10 ~ 13毫米，初化蛹米黄色，腹部背面有5条纵纹，经时稍久，体色后期变为淡黄色、褐色，纵纹不清晰。

图72　二化螟成虫（雌雄不明）

图73　二化螟初孵幼虫

图74　二化螟成熟幼虫

发生特点

发生代数	辽宁的南部，河北、山西的大部分地区，陕西南部、甘肃的东南部、新疆的中北部、四川的西部、云南的北部、贵州的大部分地区、湖北的北部以及山东、河南等地每年发生2 ~ 3代；浙江、江西、湖南、湖北、四川等省的大部分地区，广西和福建的北部、云南中部，广西中南部、福建南部、台湾北部、云南南部以及广东等地每年发生3 ~ 4代。云南的西双版纳和台湾中部，每年发生5代，台湾嘉义以南稻区，每年发生6代
越冬方式	以幼虫在稻桩和稻草中越冬，也可在土内越冬

（续）

发生规律	春季土温到7℃时，越冬的幼虫开始爬出稻桩，转入大麦、小麦、蚕豆、油菜等冬季作物的茎秆中。土温上升到10～15℃时，为转移盛期，半数以上的幼虫转移到冬季作物的茎秆中，多数幼虫蛀食茎秆，而后陆续化蛹羽化
生活习性	成虫白天潜伏于稻丛基部及杂草中，夜间活动，具有趋光性和趋嫩绿性

防治适期 当枯鞘丛率为5%～8%，或早稻每亩有中心受害株100株或丛害率1.0%～1.5%，或晚稻每亩受害团多于100个时，应及时用药防治。

防治措施

（1）**农业防治**　秋翻，妥善处理稻草、稻茬等越冬寄主，减少虫源基数；化蛹高峰期，灌水3～4天，杀灭老熟幼虫和蛹。

（2）**物理防治**　在成虫盛发期，使用频振式杀虫灯诱杀成虫。

（3）**生物防治**　保护和利用田间青蛙、蜘蛛、稻螟赤眼蜂和松毛虫赤眼蜂等天敌；使用球孢白僵菌和苏云金杆菌制剂等生物农药；二化螟成虫羽化盛期，在田间安置性诱剂诱捕雄蛾；在田埂上种植香根草吸引稻螟虫产卵，减少稻田螟虫基数。

（4）**化学防治**　主治一代二化螟，田间防治二化螟时每亩可施用10%阿维·甲氧虫酰肼悬浮剂100毫升、5%环虫酰肼悬浮剂100毫升、5%丁虫腈乳油200毫升等处理，能收到较好的防效。同时应注意药剂间的轮换使用，以减缓二化螟抗药性的产生。酰胺类农药曾是防治二化螟的特效药，但部分稻区近年来的防治实践发现，长期单一使用该类药剂已导致田间二化螟产生了较强的抗性，单用该类药剂防效较差。

易混淆害虫 二化螟与三化螟、大螟易混淆，主要区别见下表。

虫　态	部　位	二化螟	三化螟	大　螟
成虫	翅形	雌蛾前翅近长方形，灰黄色，散生褐色鳞粉，外缘有7个小黑点；雄蛾翅色较深，中央有3个紫黑色斑，斜行排列。后翅白色，三角形	雌蛾前翅长三角形，淡黄白色，中央有1明显黑点；腹末有黄褐色绒毛1丛。雄蛾前翅淡褐色，中央有1个小黑点，翅顶角斜向中央有1条暗褐色斜纹，外缘有7～9个小黑点	前翅近长方形，淡褐色，翅面有光泽，翅中部从翅基至外缘有明显的暗褐色纵线，此纵线上、下各有2个小黑点；后翅银白色
	腹部	末端无绒毛	末端有绒毛	

（续）

虫 态	部 位	二化螟	三化螟	大 螟
卵	颜色	初产时乳白色，渐变黄褐色，近孵化时为紫黑色	初产时蜡白色，孵化前灰黑色	初产白色，后淡紫色
	卵形	扁椭圆形	卵呈长椭圆形块状	顶端稍凹陷，表面有放射状刻纹
	卵块	卵块多为长带状，卵粒呈鱼鳞状排列	卵块有几十至百余粒卵，上面盖黄褐色绒毛	卵粒平铺排列成2～3行，卵块呈带状
幼虫	颜色	淡褐色	淡黄白色，微带绿色	腹部淡黄色，背面紫红色
	腹、背部	体背具5条棕色条纹，腹足趾钩双序全环或缺环，由内向外渐短渐稀	体背有1条半透明的纵线，前胸背板后缘有1对新月形斑，腹足退化，趾钩单序全环	虫体粗壮，体背无纵线，腹面淡黄色，腹足趾钩半环状

三化螟

分类地位 三化螟（*Tryporyza incertulas*），属鳞翅目螟蛾科。

为害特点 仅取食叶鞘幼嫩而白色的组织，或穗苞内的花粉和柱头，或茎秆内壁，基本上不吃有叶绿素的部分；蚁螟蛀入后在大量取食之前，必先在叶鞘和茎节间适当部位做环状切断，把大部分维管束咬断，切口颇整齐，被称为“断环”，幼虫在断环上部取食；受害稻株蛀孔小（图75和图76），

图75　幼虫蛀食茎部为害

孔外无虫粪，茎内有白色细粒虫粪（图77）；断环形成后，由于水分和养分不能流通，稻株几天内就表现出青枯或白穗（图78）等被害状。

图76 茎部蛀孔

图77 茎内白色细粒虫粪

图78 白 穗

形态特征

成虫：雄蛾体长8 ～ 9毫米，翅展18 ～ 22毫米，头、胸部背面和前翅淡灰褐色。前翅近三角形，中央具1个小黑点，自翅尖至内缘中央附近有1条暗褐色斜带，外缘具9个小黑点，前面7个较清晰。后翅灰白色，外方稍带淡褐色（图79）。雌蛾体长10 ～ 13毫米，翅展23 ～ 28毫米，体黄白色或淡黄色。前翅淡黄或黄色，外方色较深，中室下角有1个明显的黑点（图80）。

卵：卵粒扁平椭圆形，密集成块，卵块有3层，表面覆盖褐色绒毛，像半粒发霉的大豆（图81）。

幼虫：一般4 ～ 5龄，个别的6龄。初孵时灰黑色，胸、腹部交接处有一白色环。老熟幼虫体长14 ～ 21毫米，头淡黄褐色，身体淡黄绿色

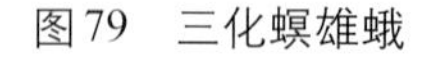
图79　三化螟雄蛾

图80　三化螟雌蛾

图81　三化螟卵

或黄白色，从三龄起，背中线清晰可见。腹足退化（图82）。

蛹：黄绿色，羽化前金黄色（雌）或银灰色（雄），雄蛹后足伸达第七腹节或稍超过，雌蛹后足伸达第七腹节（图83）。

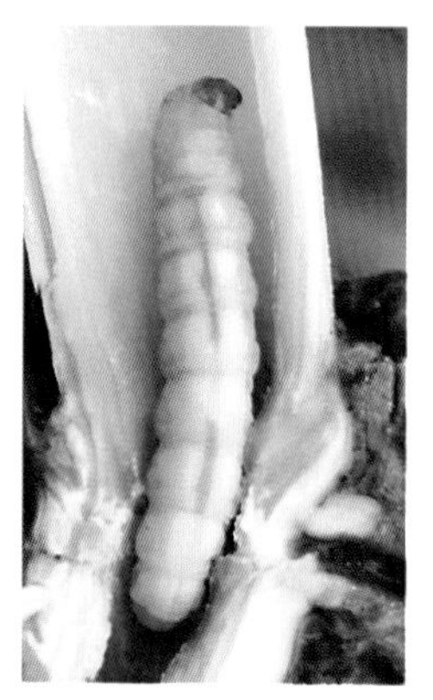
图82　三化螟幼虫

图83　三化螟蛹

发生特点

发生代数	云南中部和东北部地区、贵州西北部地区及四川西昌地区每年发生2代；云南南部、贵州北部和中部、四川西北部和江苏、安徽的北部、河南南部，1年发生3代；浙江、杭州湾以南、福建福州以北、台湾北部，以及江西、湖南、湖北、四川盆地和安徽南部，广西桂林以北和云南、贵州两省的少数县份，1年发生4代；福建福州、江西赣州、广西桂林一线以南，广东湛江以北，1年发生4～5代；广东雷州半岛、云南西双版纳、台湾中部1年发生5代；海南大部、台湾南部和云南元江县1年发生6代；海南南部沿海少数县份，1年发生7代
越冬方式	以幼虫在稻桩中越冬

（续）

发生规律	被害的稻株，多为1株1头幼虫，每头幼虫多转株1～3次，以三、四龄幼虫为害重，幼虫一般四或五龄，老熟后在稻茎内下移至基部化蛹。纯双季稻区比多种稻混栽区螟害发生重；稻株健壮，抽穗迅速、整齐的稻田螟害轻，氮肥过多，水稻徒长，螟害重
生活习性	春季气温超过16℃时，化蛹羽化飞往稻田产卵。螟蛾夜晚活动，趋光性强，产卵具有趋嫩绿性

防治适期 螟卵孵化盛期。

防治措施

（1）**农业防治** 低茬收割，清除稻草，在越冬代螟虫化蛹高峰期实施翻耕灌水或早春蛹羽化期间灌水，可减少越冬虫源。

（2）**物理防治** 利用三化螟成虫的趋光性，设置频振式杀虫灯诱杀三化螟成虫。

（3）**生物防治** 可在田间释放螟卵啮小蜂，田间设置螟卵寄生天敌保护器，保护天敌。建立稻鸭共作种养模式，控制三化螟的发生为害。

（4）**化学防治** 在卵的盛孵期和破口吐穗期，采用早破口早用药，晚破口迟用药的原则，在破口露穗达5%～10%时，施第一次药，每亩用25%杀虫双水剂150～200毫升或50%杀螟硫磷乳油100毫升、40%氧化乐果加50%杀螟硫磷乳油各50毫升，拌湿润细土15千克撒入田间，也可用上述杀虫剂对水400千克泼浇或对水60～75千克喷雾。如三化螟发生量大，蚁螟的孵化期长或寄主孕穗、抽穗期长，应在第一次用药后隔5天再施1～2次，方法同上。

易混淆害虫 见二化螟。

大螟

分类地位 大螟（*Sesamia inferens*）又名稻蛀茎夜蛾，属鳞翅目夜蛾科。

为害特点 幼虫蛀茎为害，可造成枯梢、枯心苗、白穗、枯孕穗及虫伤株（图84和图85）。初孵幼虫在叶鞘内群居取食（图86）；二、三龄后分散蛀茎，幼虫蛀食不过节，一节食尽即爬出转株为害；蛀孔较大，并有大量虫粪排出孔外（图87）；在田间为害的特点是靠近田埂水稻上虫口密度最大，为害严重，稻田中央虫口密度小。

图84 枯 心

图85 白 穗

图86 初孵幼虫叶鞘内取食

图87 蛀孔较大且有虫粪排出

形态特征

成虫：雌蛾体长约15毫米，翅展30毫米。触角丝状，头部鳞毛较少，头部及胸部灰黄色，腹部淡褐色。前翅略呈长方形，灰黄色，中央具4个小黑点。后翅灰白色（图88A）。雄蛾体长约11毫米，翅展约26毫米，触角栉齿状（图88B）。

卵：初产时乳白色，后变淡红色，孵化前变黑色，顶端有1黑褐色点（图89）。卵聚生或散生，常由2 ~ 3列组成。

幼虫：共5 ～ 7龄。老熟幼虫体长30毫米，体粗壮，头红褐色，腹部淡黄色，背部带紫红色（图90）。

蛹：长11 ～ 16.5毫米，近长圆筒形，背面暗红色，头、胸部覆白粉状的分泌物。雄蛹外生殖器位于第九节后缘腹面中央，呈一小突起，中裂纵痕；雌蛹外生殖器仅为凹痕（图91）。

图88　大螟成虫
A.雌虫　B.雄虫

图89　大螟卵

图90　大螟老熟幼虫

图91　大螟蛹

发生特点

发生代数	云贵高原1年发生2 ～ 3代，江苏、浙江3 ～ 4代，江西、湖南、湖北和四川1年发生4代，福建、广西及云南4 ～ 5代，广东南部、台湾6 ～ 8代
越冬方式	多以三龄幼虫在稻桩、杂草根际或玉米、茭白的秸秆中越冬，在江西、广西等地也能以蛹越冬

（续）

发生规律	越冬后的幼虫转移到大麦、小麦、油菜以及早播的玉米茎秆中继续取食补充营养。老熟幼虫冬后一般就地化蛹、羽化，未老熟的，经转移取食补充营养后，在寄主的茎秆中或叶鞘内侧化蛹；也有的爬出茎秆，转移到附近土下或根茬中化蛹
生活习性	大螟成虫白天潜伏在稻丛或杂草基部，夜晚活动，趋光性不及二化螟和三化螟。大螟具有较强的飞行能力，大螟一般在晚上产卵，卵多产于叶鞘内侧近叶舌处。大螟有明显趋边为害的习性，幼虫为害水稻集中在离田埂1～20行范围内

防治适期 初孵幼虫第一次分散为害以前，在枯鞘阶段。

防治措施

（1）**农业防治** 适当推迟水稻播栽期，避开一代大螟的大量虫源，有茭白的地区，冬季或早春铲除茭白残株和田边杂草，消灭越冬螟虫；深耕翻土，破坏大螟越冬场所，减少越冬基数。

（2）**生物防治** 释放寄生蜂等寄生性天敌以及青蛙和蜘蛛等捕食性天敌；线虫、白僵菌等微生物也是大螟的重要天敌；甜菜夜蛾核型多角体病毒和苏云金杆菌对大螟也具有较好的防治效果

（3）**化学防治** 采用“狠治一代，重点防治稻田边行”的防治策略。通过调查上一代化蛹进度，对第一代进行测报，预测成虫发生高峰期和第一代幼虫孵化高峰期，报出防治适期，重点防治一、二龄幼虫，使用药剂参见二化螟。

易混淆害虫 见二化螟。

黑尾叶蝉

分类地位 黑尾叶蝉（*Nephotettix bipunctatus*）又名黑尾浮尘子，属半翅目叶蝉科。

为害特点 成虫、若虫均以针状口器刺吸稻株汁液（图92），水稻分蘖期多集中于稻丛基部，被害处呈现许多褐色斑点，严重时植株发黄或枯死，甚至倒伏；穗期还会集中于叶片和穗上为害，造成半枯穗或白穗。但通常情况下黑尾叶蝉吸食为害往往不及其传播水稻病毒病的为

害严重，传播的病害有水稻普通矮缩病毒（RDV）、水稻黄矮病毒（RTYV）、水稻黄萎病毒（RYDV）、水稻簇矮病毒（RBSV）、水稻瘤矮病毒（RGDV）和水稻东格鲁病毒（RTSV）等多种，被传毒的稻株表现为病毒病症状。

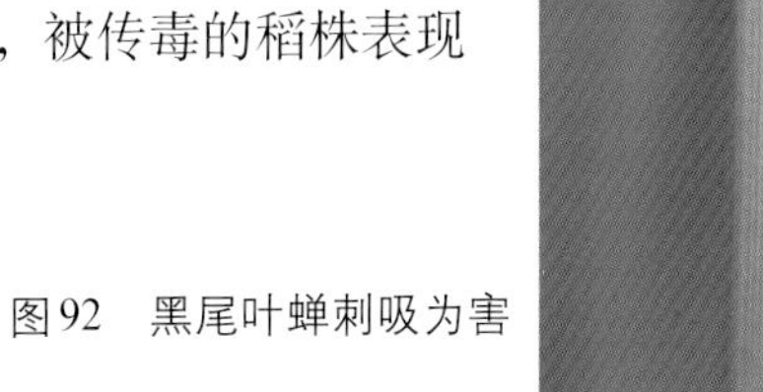

图92 黑尾叶蝉刺吸为害

形态特征

成虫：体长约5毫米，体背黄绿色至绿色，头部与前胸背板近于等宽，头、胸部有小黑点，前翅前缘黄色，基部淡黄绿色，雄虫端部1/3为黑色，形似“黑尾”（图93A），雌虫端部1/4呈灰紫色（图93B）。雄虫腹面与腹部背面均为黑色；雌虫腹面淡黄色，腹背灰黑色。

图93 黑尾叶蝉成虫
A.雄虫 B.雌虫

卵：长椭圆形，一端略尖，中间微弯曲。初产时无色透明，后转为淡黄色，出现红色眼点。卵粒单行排列成块。

若虫：共4龄。一龄若虫体长1.0 ~ 1.8毫米，无翅芽；体色淡黄白至淡黄绿色，复眼红褐至紫褐色（图94A）。二龄若虫体长1.6 ~ 2.0毫米，无翅芽；体色淡黄白至淡黄绿色，复眼红褐至赤褐色（图94B）。三龄若虫体长2.0 ~ 2.5毫米，前翅芽始见；体色淡黄白至淡黄绿色，复眼红褐至黑褐色（图94C）。四龄若虫体长2.5 ~ 3.5毫米，前后翅芽明显，前翅芽末端未达后翅芽末端；体色黄白至黄绿色，复眼红褐至棕黑色（图94D）。五龄若虫体长3.5 ~ 4.5毫米，翅芽进一步延长，前翅芽盖住或超过后翅芽；体色黄绿至红褐色，复眼红褐至棕色（图94E）。

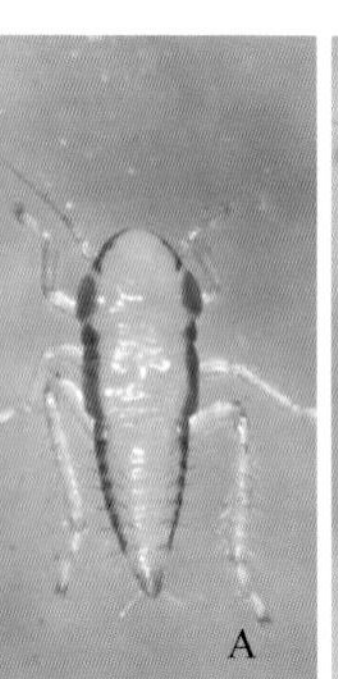

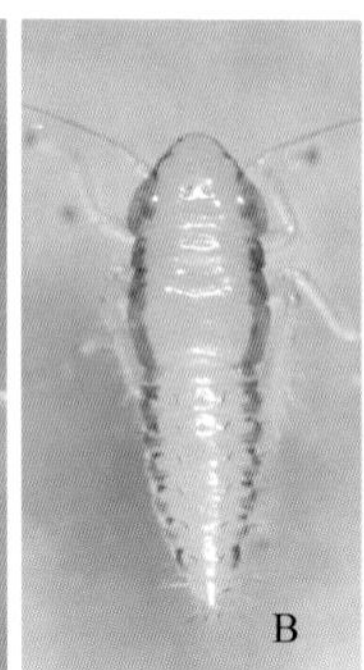

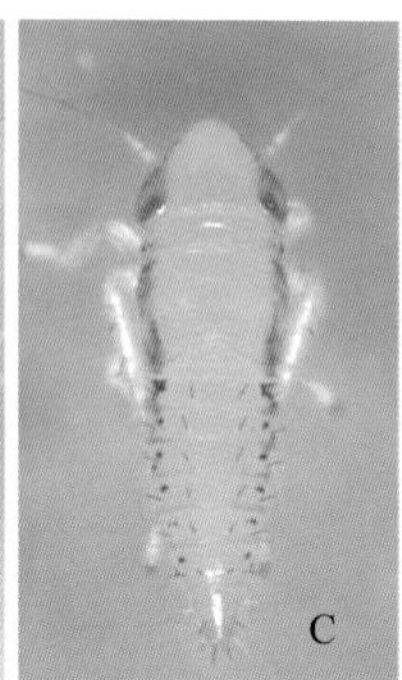

图94　黑尾叶蝉若虫

A.一龄若虫　B.二龄若虫　C.三龄若虫　D.四龄若虫　E.五龄若虫

发生特点

发生代数	在我国每年发生2 ~ 8代，自北向南世代数递增。河南信阳、安徽阜阳1年发生4代；江苏南部、安徽南部、上海、浙江中北部以5代为主；南昌、长沙以6代为主；福建福州、广东曲江以7代为主；广州以8代为主
越冬方式	以三、四龄若虫在绿肥田、冬闲田、田埂、沟边等处杂草上越冬
发生规律	越冬若虫4月羽化为成虫，迁入稻田或茭白田为害，少雨年份易大发生。在单双季混栽区，一般有2次迁飞期。第一次4—5月上旬，越冬代成虫迁入早稻秧田和本田，传播病毒；第二次7月下旬，从早稻田迁移至晚稻田，为害超过第一次迁飞
生活习性	黑尾叶蝉较飞虱活泼，受惊即横行或斜走逃逸，惊动剧烈则跳跃或飞去

防治适期 二、三龄若虫高峰期。

防治措施

（1）**农业防治**　科学管理肥水，培育壮苗，防止稻苗贪青徒长，增强耐虫能力。翻耕绿肥田，铲除田边杂草，减少越冬虫源。稻鸭共作，撒施白僵菌粉。

（2）**物理防治**　成虫盛发期利用频振式杀虫灯诱杀。

(3) **化学防治**　重点对秧田、本田初期和稻田边行进行防治，病毒流行区主要抓住两个迁飞扩散期，第一次是从越冬寄主迁入早稻，把好早稻秧田和本田返青关，第二次是早稻后期从本田和杂草上迁入晚稻秧田，把好晚稻秧田和本田返青关，特别是在早栽双季晚稻本田初期。抓好这两个关键时期的防治，及时消灭传毒介体，对控制病毒病效果较明显。药剂参见白背飞虱。

易混淆害虫　该虫易与二点黑尾叶蝉（图95）、二条黑尾叶蝉混淆（图96），区分特征见下表。

图95　二点黑尾叶蝉

图96　二条黑尾叶蝉

主要特征	黑尾叶蝉	二点黑尾叶蝉	二条黑尾叶蝉
冠中央长度与近复眼处长度	前者明显较大	前者甚大于后者	前者略大于后者
头冠端部亚缘黑带	有	无	无
前胸背板前缘和前翅爪片内后缘颜色	非黑色	非黑色	黑色
前翅中部黑斑	一般无，偶尔有小斑	一般有较小黑斑，偶尔缺失	一般有大黑斑，且沿爪片向后延伸；偶尔斑小或缺
阳茎	中部收缢；侧突长而平伸，端部较粗短	中部不收缢，侧突大三角形，端部较粗长	中部不收缢，侧突小三角形，端部细长

稻赤斑黑沫蝉

分类地位 稻赤斑黑沫蝉（*Callitetix versicolor*），属半翅目沫蝉科。

为害特点 成虫刺吸叶片汁液，初期多在主脉和叶缘之间形成菱形斑，以后全叶逐渐枯黄（图97），呈土红色。

图97 稻赤斑黑沫蝉稻田为害状

形态特征

图98 稻赤斑黑沫蝉成虫

成虫：体长11 ～ 13.5毫米，黑色有光泽，复眼黑褐色，单眼黄红色，前胸背板中、后部隆起。前翅为鞘翅，其前部偶有四个呈弧形分布的红色斑点，后翅为膜翅。足长，前足腿节特别长。小盾片三角形，中部有一明显的菱形凹斑。前翅乌黑，较平展，近基部有2个大白斑，近端部雄虫有1个肾形大红斑，雌虫有2个一大一小红斑（图98）。

卵：初产淡黄色，后期变深。扁椭圆形，长1.0 ～ 1.2毫米。

若虫：共5龄。一、二龄若虫体长1.5 ~ 5.1毫米，体色较浅，无翅芽。三龄若虫体长5.1 ~ 6.6毫米，体色淡褐色，有翅芽。四、五龄若虫体长6.6 ~ 10毫米，体色黑褐色，中胸两侧向后形成“八”字形翅芽，后翅芽超过前翅芽到达第一腹节。

发生特点

发生代数	河南、四川、江西、贵州、云南等地1年发生1代
越冬方式	以卵在田埂杂草根际或土层裂缝下的3 ~ 10厘米处越冬
发生规律	6月中旬羽化为成虫，羽化后3 ~ 4小时开始为害水稻、高粱或玉米，7月为害重，8月后成虫数量减少，11月下旬终见
生活习性	5月中旬至下旬孵化为若虫，在土中吸食草根汁液，二龄后渐向上移。若虫常常从肛门处排出体液，排出的气体吹成泡沫，遮住身体进行自我保护，羽化前爬至土表。一般分散活动，早、晚多在稻田取食，遇高温强光则隐藏在杂草丛中，大发生时傍晚在田间成群飞翔。每雌产卵164 ~ 228粒。卵期10 ~ 11个月，若虫期21 ~ 35天，成虫寿命11 ~ 14天

防治适期 5月中旬开始调查，三龄若虫高峰期至成虫出现前及成虫虫量达到23头/百丛时施药为宜。

防治措施 该虫的卵和初孵低龄若虫生活在土壤中，不便进行药剂处理；高龄若虫出土时间长，一次用药难以灭虫；成虫十分活跃，弹跳力强，飞行速度快，打药时易惊飞逃逸，药剂很难接触到虫体。虽然施药后1周内虫量明显减少，但过后成虫又回迁到稻田为害。主要天敌如蚂蚁、蜘蛛、隐翅虫、蜻蜓、青蛙、螳螂对若虫、成虫的制约力较小。农民掌握不住关键性技术，控防难度大。

（1）**农业防治** 一般方法是消灭还在越冬期的虫卵。可以将农田边缘的杂草清除，并在第二年的3—4月再进行一次铲土，每次进行铲土的厚度为6 ~ 10厘米。在进行第二次铲土的时候，可以用25%乙酰甲胺磷进行喷洒，每亩用量为100 ~ 150毫升，喷洒后再在其上铺一层2 ~ 3厘米厚的稀泥，能极大地减少赤斑黑沫蝉的卵孵化数量。

（2）**生物防治** 保护和利用蜻蜓、豆娘、蜘蛛等天敌。

（3）**化学防治** 赤斑黑沫蝉通常会在10：00之前和16：00之后进食活动，所以对其进行防治的最佳时间是在17：00以后。每亩可以使用48%毒死蜱乳油75 ~ 100毫升，或40%甲维·毒死蜱乳油50毫升，或5%

高效氟氯氰菊酯乳油10毫升对水40千克进行喷雾，喷药时应将田边杂草一起喷雾。

稻秆潜蝇

分类地位 稻秆潜蝇（*Chlorops oryzae*），又名稻秆蝇、稻钻心蝇、双尾虫等，属双翅目黄潜叶蝇科。

为害特点 以幼虫蛀入茎内为害（图99）心叶、生长点、幼穗。苗期受害长出的心叶上有椭圆形或长条形小孔洞，后发展为纵裂长条状，致叶片破碎，抽出的新叶扭曲或枯萎。受害株分蘖增多，植株矮化，抽穗延迟，穗小，秕谷增加。幼穗形成期受害出现扭曲的短小白穗，穗形残缺不全或出现花白穗（图100）。

图99　幼虫蛀茎为害

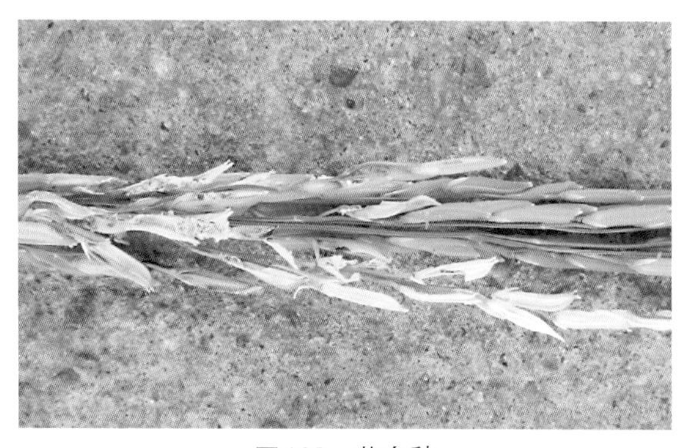

图100　花白穗

形态特征

成虫：体长2.3～3.3毫米，翅展5～6毫米；体鲜黄色（图101）。头、胸等宽，头部背面有1个钻石形黑色大斑；复眼大，暗褐色；触角3节，基节和第二节褐色，第三节黑色膨大呈圆板形。胸部背面有3条黑色大纵斑。腹部纺锤形，各节背面前缘有黑褐色横带，第一节背面两侧各有1个黑色小点。

卵：长0.7～1毫米，长椭圆形，白色，上有纵列细凹状，呈波形柳条状。孵化前呈淡黄色。

幼虫：老熟体长6 ~ 8毫米，略呈纺锤形，淡黄白色，表皮强韧而有光泽。尾端分2叉，各叉末端尖（图102）。

蛹：长5 ~ 6毫米，初期乳白色，后淡黄褐色，羽化前变为黄褐色，上有黑斑。体形稍扁，呈纺锤形，尾端也分2叉。

图101 稻秆潜蝇成虫

图102 稻秆潜蝇幼虫

发生特点

发生代数	四川1年发生1代，福建1年发生2 ~ 3代，湖南慈利、新宁、黔阳、绥宁，湖北恩施，贵州遵义、剑河，云南通海，浙江奉化、昌化、新昌、龙游等地1年发生3代，浙江龙泉、庆元等地1年发生3 ~ 4代，以3代为主
越冬方式	以各龄幼虫在看麦娘、大看麦娘、华北剪股颖和李氏禾等禾本科杂草上越冬
发生规律	越冬代幼虫4月上旬桃花盛开时化蛹，4月下旬开始羽化迁入秧田和本田产卵，5月上中旬为产卵盛期。孵化出的幼虫为害心叶。第一代成虫于6月出现于中稻、晚稻秧田或单季中晚稻本田，幼虫为害心叶或幼穗，对水稻产量影响较小。第二代成虫于8月出现，对水稻产量影响较大。9月开始产卵在越冬寄主上，幼虫孵化后钻入心叶过冬，由于幼虫的取食活动，越冬寄主也出现被害状
生活习性	成虫有明显趋绿、背阴产卵的习性。卵多产于叶背部，极个别产于叶面，一般1叶1卵。幼虫多在4 ~ 6时孵化，初孵幼虫多借助雨水、露水沿叶背向下移动，侵入叶心或幼穗为害。幼虫老熟后，大多数爬至植株上部叶鞘内化蛹，个别在叶耳或稻穗内化蛹。不同生育期化蛹部位不同，拔节孕穗期多数在倒2 ~ 3叶的叶鞘内，抽穗期绝大多数在剑叶叶鞘内化蛹

防治适期 卵孵化始盛期至孵化高峰期。

防治措施

（1）**农业防治** 选用抗（耐）病品种；推迟播种期，使水稻生育期与害虫发生期错开而避免或减轻受害；根据越冬代幼虫在看麦娘等禾本科杂草和麦苗上越冬的特点，采取“除草灭虫”的措施。即在冬季清除田边、沟边的禾本科杂草。

（2）**化学防治** 在1年发生3代的地区，一般采用“狠治一代，挑治二代”的防治策略。一代发生整齐，为害面广，在发生区内普遍狠治一代，不仅当代有良好的保苗效果，而且还能压低二代基数；二代常遇高温干旱，为害局限于山垄田和冷水田，因此对二代实行挑治可经济有效地控制局部为害。每亩用48%毒死蜱乳油75毫升或1%阿维菌素乳油12.5毫升对水50千克喷雾，或每亩用10%杀虫双大粒剂1千克撒施，或吡虫·杀虫单＋48%毒死蜱混配1 500倍液喷施防治。用药后田间保水5 ～ 7天，以提高防效。

稻小潜叶蝇

分类地位 稻小潜叶蝇［*Hydrellia griseola*（Fallen)］，属双翅目水蝇科。

为害特点 水稻苗期主要害虫之一，以幼虫潜食叶肉，每一片叶少则有虫2 ～ 3头，多则7 ～ 8头。主要发生于插秧后的稻苗上，幼虫钻入叶内潜食叶肉，残留在上下表皮，使受害叶片呈现不规则白色条斑（图103），在其中可见乳白色至黄白色的幼虫，后期可见小而长的褐色至黄褐色多节的长条形两头尖的蛹。发生早而多时，造成叶片枯死、腐烂，影响水稻正常生长发育从而造成减产，以至造成稻苗大批枯死。

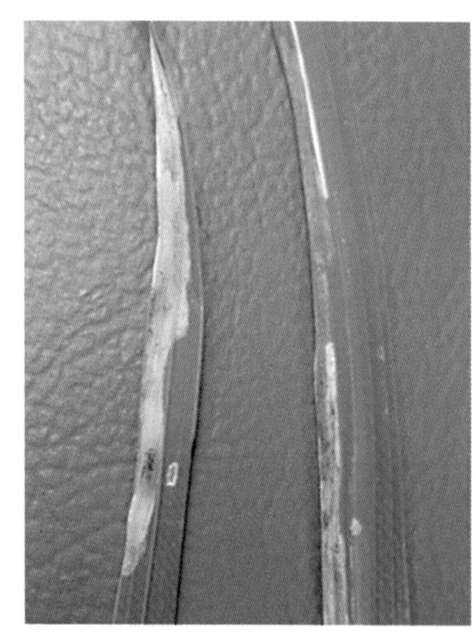

图103 叶片被害状

形态特征

图104 稻小潜叶蝇成虫

成虫：成虫体长2～3毫米，青灰色。触角黑色，第三节扁平，近椭圆形，具粗长的触角芒1根，芒的一侧具小短毛5根；前缘脉有两处断开，无臀室。足灰黑色，中、后足第一跗节基部黄褐色（图104）。

卵：长约0.6毫米，宽约0.16毫米，乳白色，长椭圆形，卵粒上有细纵纹。

幼虫：圆筒形，稍扁，头尾两端较细，体乳黄色至乳白色，口器黑色，胸内有Y形悬骨；虫体有13节，各节有黑褐色短刺带围绕。

蛹：长约3.6毫米，黄褐色或褐色，头胸背面呈斜切状，各节有黑褐色短刺带围绕，尾端也有两个黑色气门突起。

发生特点

发生代数	东北1年发生4～5代
越冬方式	以成虫在水沟边杂草上越冬
发生规律	越冬代成虫翌春多先在田边杂草中产卵繁殖1代。从水稻秧田揭膜开始至插秧缓苗期是为害主要时期
生活习性	成虫趋糖蜜，喜食甜味食物；飞行能力较强，多在白天活动，夜间潜伏不动

防治适期 防治适期为稻潜叶蝇进入叶片之前。

防治措施

（1）**农业防治**

①清除杂草。清除田边、沟边、低湿地的禾本科杂草，可有效减少虫源，从而减轻对水稻的为害。

②培育壮秧，浅水勤灌。水层深度在5厘米以内，促使稻苗新根的发生和苗壮成长，尤其在成虫产卵盛期7～10天内，浅水勤灌控害效果更佳。

③平整土地，排水晒田。平整土地，确保稻苗在同一水层内健壮生长，减少弱苗，降低成虫产卵概率。发生严重的地块，通过排水晒田，降低田间湿度，形成不利于幼虫发育的条件，可有效控制其发展和为害。

（2）**化学防治** 采用“挑治为主，普治为辅，巧治低龄”的防治策略，防治适期为稻小潜叶蝇进入叶片之前。当百株虫量达20头时，每亩可使用3%啶虫脒乳油50毫升进行防治。

稻眼蝶

分类地位 稻眼蝶（*Mycalesis gotama*），又名稻眉眼蝶、日月蝶、中华眉眼蝶、姬蛇目蝶、稻叶灰褐蛇目蝶，属鳞翅目眼蝶科。

为害特点 幼虫沿叶缘为害叶片成不规则缺刻（图105），影响水稻、茭白等生长发育。

图105 稻眼蝶在田间为害造成缺刻

形态特征

成虫：雄成虫略小于雌成虫，体长14.6毫米，翅展约40毫米；雌成虫体长14.6 ~ 16.5毫米，翅展约47.7毫米。体背及翅正面灰褐色至暗褐色，前翅正、反面均有2个蛇目状白圈白心黑色圆斑，一个在5室近翅尖，较小；另一个在2室近臀角，较大。后翅反面有5 ~ 6个蛇目斑，近臀角一个特别大（图106）。

卵：馒头形，直径0.8 ~ 0.9毫米，表面有微细网状纹。初产时淡青绿色，后转米黄色，将孵化时呈褐色，并可见黑色的幼虫胚胎头部。

稻眼蝶

幼虫：初孵时2 ~ 3毫米，白色，后体长30毫米，头大，

两侧有单眼7枚及2个黑色条斑。头部散生灰白色和暗赤色斑纹，头顶两侧有角状突起1对，类似猫头（图107）。

蛹：长约13毫米，头部两眼左右突出呈角状，胸背中央尖突如棱角，腹背则弓起如驼背。化蛹时，吐丝将尾端系于稻叶上，身体倒挂，头部下垂，故称垂蛹（图108和图109）。

图106 稻眼蝶成虫

图107 稻眼蝶幼虫

图108 稻眼蝶初期蛹

图109 稻眼蝶后期蛹

发生特点

发生代数	浙江1年发生4～5代，华南5～6代，世代重叠
越冬方式	以蛹或末龄幼虫在稻田、河边、沟边及山间杂草上越冬
发生规律	越冬幼虫于翌年3月下旬至4月下旬化蛹
生活习性	成虫羽化多在6：00—15：00时，白天飞舞在花丛或竹园四周，晚间静伏在杂草丛中，经5～10天补充营养交配后，次日把卵散产在叶背或叶面，每雌可产卵96～166粒，初孵幼虫先吃卵壳，后取食叶缘，三龄后食量大增。老熟幼虫经1～3天不食不动，便吐丝黏着叶背倒挂半空化蛹

防治适期

二龄幼虫为害高峰。

防治措施

（1）**农业防治**　铲除田边、沟边、塘边杂草，压低越冬幼虫基数。

（2）**生物防治**　放鸭啄食。注意保护利用天敌，如稻螟赤眼蜂、弄蝶长绒茧蜂、螟蛉盘绒茧蜂、广大腿小蜂、广黑点瘤姬蜂、步甲、猎蝽和蜘蛛等。

（3）**物理防治**　利用幼虫假死性，震落后捕杀。

（4）**化学防治**　一般可在防治稻纵卷叶螟或稻弄蝶时兼治稻眼蝶，如需单独防治，掌握在二龄幼虫为害高峰期用药。可选用90%敌百虫或50%杀螟硫磷800～1 000倍液，或用10%醚菊酯1 500倍液喷雾。

易混淆害虫

该虫与稻暗褐眼蝶（图110）易混淆，二者形态区分见下表。

图110　稻暗褐眼蝶

成虫特征	稻眼蝶	稻暗褐眼蝶
体长	15 ~ 17毫米	18 ~ 21毫米
翅外缘	钝圆	波浪形
前翅	正面2眼斑各自分开，前小后大，眼斑中央白色，中圈粗呈黑色，外圈细呈黄色	正面2眼斑，前大后小，中央白色，周围有大黑斑
后翅	正面无眼斑，反面具5 ~ 7个大小不等的眼斑	正面有1 ~ 3个眼斑，反面具6个眼斑

稻弄蝶

分类地位 稻弄蝶，又称稻苞虫、苞叶虫，常见种类有直纹稻弄蝶（*Parnara guttata*）、曲纹稻弄蝶（*Parnara ganga*）、幺纹稻弄蝶（*Parnara bada*）、隐纹谷弄蝶（*Pelopidas mathias*）、南亚谷弄蝶（*Pelopidas agna*），均属鳞翅目弄蝶科。

为害特点 幼虫吐丝黏合数叶至10余叶成苞，并蚕食叶片（图111）。直纹稻弄蝶和曲纹稻弄蝶取食稻叶时，吐丝将叶片缀合做苞，而隐纹谷弄蝶取食稻叶时不吐丝做苞。分蘖期受害影响水稻正常生长，抽穗前受害重的可使稻穗卷曲苞内，影响抽穗开花和结实。

图111 稻弄蝶大田为害状

形态特征

(1) 直纹稻弄蝶（一字纹稻苞虫）

成虫：体长16 ~ 20毫米，翅展35 ~ 42毫米，体黑褐色，有金黄色光泽。头、胸部比腹部宽，略带绿色。触角棍棒状，末端有钩。前翅上有8个半透明的白斑，排成半环形；雌蝶前翅中室的下斑小于上斑，甚至退化消失；雄蝶中室下斑大于上斑。后翅有4个半透明白斑及1个不透明斑。成虫伫立时，翅竖立背上，飞翔时呈跳跃状（图112）。

卵：半球形，略凸，顶略平，卵径0.8 ~ 0.9毫米，初产卵灰绿色，孵化前变褐色至紫褐色，卵顶花冠有8 ~ 12瓣，卵面有五角或六角形网纹。

幼虫：老熟幼虫体长35 ~ 40毫米，绿色，体两端细小，中间肥大，略呈纺锤形。头部比胸部大，头黄褐色，中部有深褐色W形纹。背线宽而明显，深绿色，体表密布小颗粒，体背各节后半部有4 ~ 5条横皱纹。老熟幼虫腹部第四至七节两侧各具有蜡腺1枚（图113）。

图112　直纹稻弄蝶成虫

图113　直纹稻弄蝶幼虫

蛹：长约25毫米，黄褐色，头顶平，尾尖。复眼大而突出。初蛹嫩黄色，后变为淡黄褐色。老熟蛹灰黑褐色，一般背部较腹面颜色深，第五至六腹节腹面中央各有一倒“八”字形纹。

（2）隐纹谷弄蝶

成虫：体长17 ~ 20毫米。前翅有8个排成半环形的透明白斑；后翅正面无白色斑，反面中央有2 ~ 7个白斑，排列成弧形（图114）。

卵：初产时乳白色，带青灰色，顶平直，顶花约13瓣。

幼虫：体长33毫米左右，淡绿色，头两侧有紫红色纹，正面呈“八”字形。背线暗绿色。幼虫3龄以前，在叶尖将叶缘向内纵卷，以丝缀苞，四至五龄时离苞，栖息于叶面上取食，不再做苞（图115）。

蛹：长28 ~ 33毫米；淡绿色，头顶尖突，腹背有白色纵线4条。老熟幼虫化蛹时，吐1白细丝系绕胸部，蜕皮化蛹后，白细丝仍系于胸腹交界处，尾部黏于叶面或叶鞘上。

图114 隐纹谷弄蝶成虫

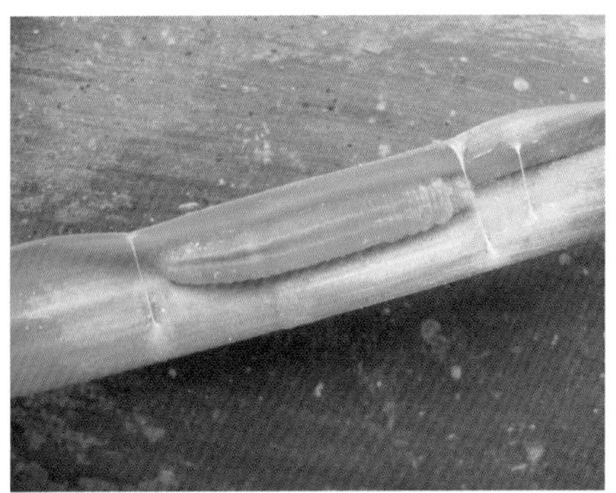

图115 隐纹谷弄蝶幼虫

（3）曲纹稻弄蝶

成虫：体长14 ~ 16毫米，前翅有白斑5个，后翅有白斑4个，紧密排列成锯齿状（图116）。

卵：半球形，顶略圆扁，初灰褐色，后转草绿色。

幼虫：体长25 ~ 34毫米，黄绿色，头部W字纹黑褐色较宽阔。

图116 曲纹稻弄蝶成虫

蛹：圆筒形，初嫩黄色，后变棕色或青褐色，腹部第五至六节腹面有褐色倒“八”字形纹。

发生特点

发生代数	1年发生2～8代
越冬方式	以幼虫在田边、沟边、塘边等处的芦苇、李氏禾等杂草间，以及茭白、稻桩和再生稻上结苞越冬
发生规律	成虫，夜伏昼出，飞翔力很强，喜食花蜜。卵，散产于稻叶背面，每雌能产65～220粒。幼虫，一至二龄时多在叶尖或叶边卷成单叶苞，三龄后能缀叶成多叶苞，藏身其内取食，傍晚或阴雨天，能外出为害，老熟后在苞内化蛹。山区野生蜜源植物多，有利于其繁殖；阴雨天，特别是时晴时雨，有利于大发生
生活习性	初孵幼虫向四处爬行，取食稻叶。3龄以前，常在叶尖将叶缘向内纵卷，以丝缀苞，幼虫潜伏其间为害。四至五龄时离苞，栖息于叶面及叶鞘上，一般不再缀苞。化蛹时以白丝围绕胸部，尾部黏附在叶鞘或叶片基部

防治适期 第三、四代低龄幼虫达到防治指标时需要进行化学防治。

防治措施

（1）**农业防治**

①消灭越冬虫源。即铲除田基、沟边、塘边杂草。宜于2月底前结合兴修水利和积肥铲草除虫，以消灭越冬幼虫和蛹等，减少越冬虫源基数。

②人工防治。即在虫口密度不太大的稻田，于幼虫三龄期，以除虫梳梳除虫苞。每梳一次，可灭虫50%左右，梳两次可灭80%以上，这样能使水稻正常抽穗，减少用药。

（2）**物理防治** 在稻田用竹竿支撑紫色或者蓝色诱虫板于水稻顶部，对直纹稻弄蝶也有一定诱集效果。

（3）**生物防治** 有条件的地区，释放赤眼蜂效果显著。从成虫产卵始盛期，百丛稻有卵20粒以上时，即开始释放澳洲赤眼蜂，每隔3～4天释放一次，每次释放1万～2万头。

（4）**化学防治** 以中晚稻田为重点，掌握低龄幼虫盛期，每百丛水稻有虫10～20头时施药，每亩可用90%晶体敌百虫75～100克，或50%杀螟硫磷乳油100～250毫升，对水75～100千克常规喷雾，或对水5～7.5千克低量喷雾。

易混淆害虫 该虫与直纹稻弄蝶、曲纹稻弄蝶、幺纹稻弄蝶、隐纹谷弄蝶、南亚谷弄蝶易混淆，形态区分见下表。

种类	直纹稻弄蝶	曲纹稻弄蝶	幺纹稻弄蝶	隐纹谷弄蝶	南亚谷弄蝶
幼虫	略呈纺锤形，头部正面中央有“山”字形褐纹，体背有宽而明显的深绿色背线	长筒形，略扁，第四至七节两腹侧各有白蜡腺1枚。四龄期头棕红色，具黑褐色“山”字形纹	体草绿色，颅面“山”字形纹下伸仅及额高一半	颅面红褐色，“八”字形纹伸达单眼外方	颅面红褐色，“八”字形纹伸达单眼内方
蛹	圆筒形，初蛹嫩黄色后变淡黄褐色，老熟为灰黑褐色。前胸气门纺锤形，中央膨大。第五、六腹节中央各有1个倒“八”字形褐斑	初蛹体淡黄色后转黄褐色，体表无小疣突，前胸气门纺锤形，通常狭窄，两端尖瘦	圆筒形，体灰黑带黄色，体背比其他种光滑，前胸气门粗且十分鼓凸	圆筒形，缢蛹型，头顶尖突如锥	圆筒形，缢蛹型，头顶尖突如锥
成虫前翅斑纹	白斑7～8枚，排成半环形	斑纹5枚，排成直角状	斑纹5枚，排成直角状	雌虫白斑8～9枚，雄虫8枚，斑较细，均排成半环状，雌虫另具有2枚淡黄色半透明斑	雌虫白斑8～9枚，雄虫8枚，斑较细，均排成半环状，雌虫另具有2枚淡黄色半透明斑
成虫后翅斑纹	翅底斑纹4枚，排成直线	翅底白斑4枚，排成锯齿状	翅底白斑0～5枚，比前两种小	翅底白斑7枚，分散排列成弧形	翅底白斑4～5枚，分散排列成弧形

稻瘿蚊

分类地位 稻瘿蚊（*Orseolia oryzae*），又名稻瘿蝇，属双翅目瘿蚊科。

为害特点 幼虫吸食水稻生长点汁液，致受害稻苗基部膨大，随后心叶停止生长且由叶鞘部伸长形成淡绿色中空的葱管，葱管向外伸形成“标葱”（图117）。水稻从秧苗到幼穗形成期均可受害，受害重的不能抽穗，几乎都形成“标葱”或扭曲不能结实。

图117　稻瘿蚊造成的"标葱"现象

形态特征

成虫：外形似蚊，体长3.5 ～ 4.8毫米，触角15节，黄色，第一至二节球形。第三至十四节的形状雌、雄有别：雌虫近圆筒形，中央略凹；雄虫葫芦状，中间收缩，好像2节。中胸小盾板发达，腹部纺锤形隆起似驼峰。前翅透明具4条翅脉（图118）。

卵：长0.44 ～ 0.5毫米，长椭圆形，头端略大，尾端略小，初产时乳白色，中期橙红色，后期紫红色。

幼虫：口器退化，胸、腹部共13节，共3龄（图119）。一龄幼虫体长0.68毫米，体形似蛆，眼点位于第三节背面中央后端。二龄幼虫体长1.3毫米，体纺锤形，两端稍钝，眼点位于第二节背面中央后端，第二和第五至第十二节均有1对黑褐色气孔。三龄幼虫体长3.3毫米。体似二龄，眼点位于第二节背面中央前端。第二节腹面中央有1对红褐色的Y形胸骨片。

蛹：体长3.5毫米～ 4.5毫米，长椭圆形，淡黄色，头端有额刺1对，刺端分叉，前胸背面前缘有背刺1对。雌蛹后足短，仅达腹部第五节，雄蛹后足长，伸达腹部第七节（图120）。

图118 稻瘿蚊成虫

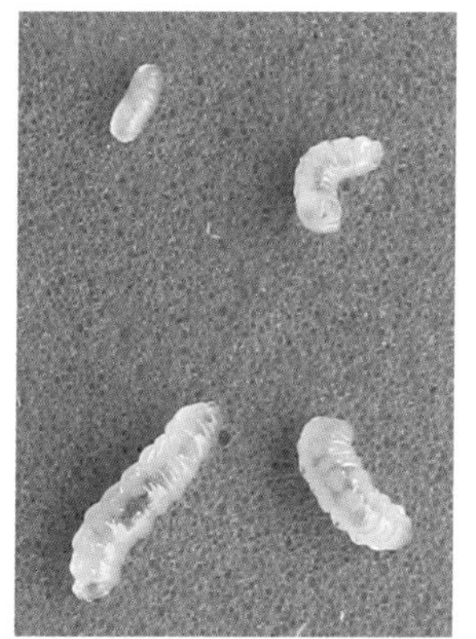

图119 稻瘿蚊幼虫

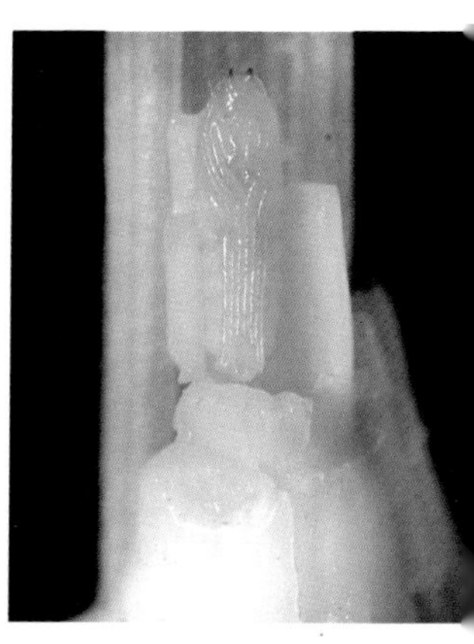

图120 稻瘿蚊蛹

发生特点

发生代数	稻瘿蚊1年发生代数自北向南4 ～ 10代，世代重叠。在广东、广西稻区，一般1年发生7 ～ 9代，江西7 ～ 8代，湖南、福建6 ～ 7代，江苏4 ～ 5代
越冬方式	以幼虫在田边、沟边等处的游草、再生稻、落谷苗和李氏禾等杂草上越冬
发生规律	越冬代幼虫3月下旬气候适宜时化蛹，羽化为成虫迁入早稻田产卵繁殖。第一、二代以早稻为寄主。第三代虫量稍增，向中稻或早播晚稻秧田转移、扩散，部分仍继续以迟熟早稻无效分蘖为食。第四、五、六代虫量激增，成为为害晚稻秧田及中、晚稻本田的主害代
生活习性	成虫多在傍晚开始羽化。卵大部分散产于叶片、叶枕上，少数产在叶鞘上。1头雌虫1晚可在35 ～ 72株秧苗上产卵，每株1 ～ 2粒。幼虫多在近天亮前孵出，随水流扩散，初孵化幼虫借叶上湿润的露水下移，从叶鞘间隙或叶舌边缘侵入，开始为害生长点，生长点受害后心叶停止生长，叶鞘伸长成管状，即“标葱”出现。羽化前蛹体头部向上，蛹上升到葱管顶端，用额刺破顶部而出，在出口处留有白色的蛹壳。该虫喜潮湿不耐干旱，多雨有利于其发生

防治适期 秧田在立针期至一叶一心期，本田在开始分蘖到转入幼穗分化期。

防治措施

（1）**农业防治** 清除稻田杂草及落谷再生稻，减少越冬虫源；因地制宜实行双季连作制，调整播种期和栽插期，集中育秧，避开成虫产卵高峰期；选用抗（耐）虫品种。

（2）**生物防治**　稻瘿蚊的主要天敌是寄生蜂，有寄生于卵和幼虫上的黄柄黑蜂、黄斑长距小蜂等。采取湿播早育，培育老壮秧，使秧田小气候干燥，改善生态环境，以利于寄生蜂活动。

（3）**物理防治**　在生产上可以用频振式杀虫灯进行诱杀，可以有效降低稻瘿蚊成虫的种群密度及后代的发生数量。

（4）**化学防治**　采取“抓秧田，保本田，控为害，把三关，重点防治主害代”的防治策略。每亩可用3%氯唑磷颗粒剂1千克，或每亩用8%噻嗪·毒死蜱颗粒剂1.25～1.5千克，或每亩用1.8%阿维菌素乳油10～20毫升，拌土10～15千克均匀撒施。在成虫盛发至卵孵化高峰期，可用下列药剂：每亩用48%毒死蜱乳油250～300毫升，或5%丁烯氟虫腈悬浮剂67～100毫升，或40%三唑磷乳油200～250毫升，10%吡虫啉可湿性粉剂30～40克，对水50～60千克均匀喷雾。施药前稻田必须灌好水，药后保持3毫升水层3～5天，以提高药效。

稻螟蛉

分类地位　稻螟蛉（*Naranga aenescens*），又名双带夜蛾、稻螟蛉夜蛾、稻青虫、粽子虫、青尺蠖，属鳞翅目夜蛾科。

为害特点　稻螟蛉除为害水稻外，还为害高粱、玉米、甘蔗、茭白及取食多种禾本科杂草。以幼虫咬食水稻叶片，严重时，可把秧苗期叶片吃尽，残留基部，“平头”状；本田期为害严重时，仅剩中肋，洗帚把状，严重影响水稻生长发育，造成减产（图121）。

图121　稻螟蛉大田为害状

形态特征

成虫：体长6～8毫米，翅展16～18毫米。头胸部深黄色，腹部较细

瘦，腹背暗褐色。前翅深黄褐色，有2条平行的暗紫色宽斜带；后翅灰黑色。雌蛾稍大，体色较雄蛾略浅，前翅淡黄褐色，两条紫褐色斜带中间断开不连续；后翅灰白色（图122）。

卵：扁球形，表面有放射状纵纹和横纹相交成许多方格纹。初产时乳白色，后变褐色，上部呈现紫色环纹；将孵化时为灰紫色，环纹暗紫色（图123）。

幼虫：老熟幼虫体长20毫米，头部黄绿色或淡褐色，胸、腹部绿色。背线和亚背线白色，气门线淡黄色。第一、二对腹足退化，仅留痕迹，故行动似尺蠖（图124）。

蛹：体长7～10毫米，略呈圆锥形。初为绿色后变褐色，羽化前有金黄色光泽，可看到翅上紫褐色纹，越冬代蛹头顶绿褐色（图125）。

图122 稻螟蛉成虫
A.雌虫 B.雄虫

图123 稻螟蛉卵

图124 稻螟蛉幼虫

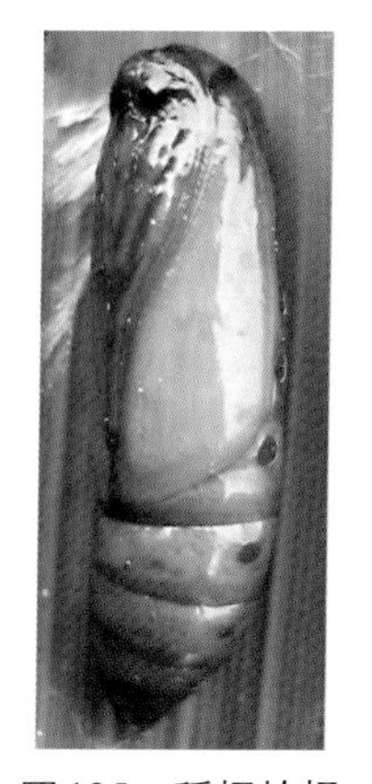

图125 稻螟蛉蛹

发生特点

发生代数	稻螟蛉1年发生2～7代，浙江一般1年发生4～5代，广东1年发生6～7代
越冬方式	以蛹在田间稻茬丛中或稻秆、杂草的叶包、叶鞘间越冬
发生规律	多于7—8月间为害晚稻秧田，偶尔在4—5月发生，为害早稻分蘖
生活习性	成虫日间潜伏于水稻茎叶或草丛中，夜间活动交尾产卵，趋光性强。成虫产卵具有趋嫩性，卵多产于稻叶中部，也有少数产于叶鞘，每卵块一般有卵3～5粒，每雌平均产卵500粒左右。稻苗叶色青绿，能招引成虫集中产卵。幼虫孵化后先取食叶面组织，渐将叶肉啃光，致使叶面出现枯黄线状条斑，三龄以后沿叶缘取食，将叶片咬成缺刻。幼虫在叶上活动时，一遇惊动即跳跃落水，再游水或爬到别的稻株上为害。老熟幼虫在叶尖吐丝把稻叶曲折成粽子样的三角苞，藏身苞内，咬断叶片，使虫苞浮游水面，然后在苞内结茧化蛹

防治适期 稻螟蛉掌握在二至三龄幼虫高峰期。

防治措施

（1）**农业防治** 冬春清除田边、沟边杂草，收集散落及成堆的稻草集中处理，消灭越冬场所和越冬虫蛹，减少虫源数量。加强田间肥水管理，适当控制氮肥用量，增施有机肥和磷、钾肥，培育健壮植株，提高植株抗逆性。

（2）**物理防治** 利用成虫趋光性，于成虫盛发期结合治螟利用黑光灯或频振式杀虫灯诱杀稻螟蛉成虫。

（3）**生物防治** 注意保护和利用田间青蛙、蜘蛛和寄生蜂等天敌，可考虑人工释放稻螟赤眼蜂和螟蛉绒茧蜂等优势天敌。

（4）**化学防治** 可选用40%毒死蜱乳油1 500倍液，或喷苏云金杆菌粉剂500倍液或30%灭幼脲3号2 000倍液。

稻黑蝽

分类地位 稻黑蝽（*Scotinophara lurida*）属半翅目蝽科。

为害特点 成、若虫刺吸稻茎、叶和穗部汁液，受害处产生黄斑，严重的分蘖和发育受抑制，造成全株枯死。近几年随农田生态环境变化，作物布局的改变，该虫为害逐年加重。

形态特征

成虫：体长6 ~ 9.5毫米，宽4 ~ 4.5毫米，椭圆形，全体黑色，表面粗硬，密布小黑点。触角5节，前胸背板两侧角向两侧横向突出，呈短刺状（图126）。

卵：杯形，顶端有圆盖，盖周围有许多小突起。初产时淡青色，后变淡红褐色，孵化前转为灰褐色（图127）。

图126 稻黑蝽成虫

图127 稻黑蝽初孵化若虫与孵化后的卵壳

若虫：共5龄。一龄若虫体长约1.3毫米，近圆形，头胸褐色，复眼鲜红色，腹部黄褐至红褐色，腹背有红褐色区。二龄若虫体长约2毫米，头胸大部黄褐至暗褐色，腹背暗褐色，部分散生小红点，节缝红色，中间有白色条纹，复眼红黑色。三龄若虫体长约3.3毫米，头胸大部淡褐或褐色，腹部淡褐色，散生红褐色小点。四龄若虫体长约5毫米，体色同三龄，腹背臭腺区为淡黄褐色，余均暗褐色，前翅翅芽已可辨认。五龄若虫体长7.5 ~ 9毫米，宽约5毫米，体色灰褐色与成虫近似，前后翅芽均明显可见，腹部臭腺开口处黑褐色。

发生特点

发生代数	在江苏、浙江、贵州、四川等地1年发生1代，湖南、江西和广东等地1年发生1～2代。主要以成虫越冬
越冬方式	通常在稻田附近的杂草根际、甘蔗地、柑橘园、香蕉园的残枝落叶间以及稻桩泥土缝隙内蛰伏越冬
发生规律	5月中下旬迁入稻田，6月上旬至7月中旬产卵。一代若虫6月中旬至7月中旬孵出，7月中旬开始羽化，8月初至9月中旬产卵；二代若虫8月上旬至9月中旬孵出，8月末至9月下旬羽化，10月中下旬进入越冬期
生活习性	成虫有趋光性，但白天怕光，常隐蔽于稻株下部为害。傍晚后和阴天，爬至稻株上部活动取食。越冬成虫通常在迁入稻田后10天左右才开始交尾，雌虫一生可交尾4～5次，交尾后7天左右开始产卵，每雌可产卵30～40粒。卵多为2～3行排列成块，每块卵10～14粒；多产于稻株下部近水面的叶鞘上，并有少数产于稻叶上。若虫孵出后，先围集于卵壳四周，二龄后开始分散活动

防治适期 若虫盛发期前，当水稻抽穗扬花期虫口密度达每百丛100～200头时，需进行专门防治。

防治措施

（1）**农业防治** 冬春季节可清理田边杂草，减少虫源基数；适当调整水稻播种期或选用生育期适宜的水稻品种，尽量使水稻穗期避开稻蝽发生高峰期；可采用稻鸭共作种养模式或在水稻穗前放鸭食虫。

（2）**物理防治** 利用黑光灯进行诱杀。

（3）**化学防治** 水稻移栽返青后和一代稻黑蝽低龄若虫峰期，各进行一次药剂防治。常用药剂有：40%毒死蜱乳油2 000倍液或90%晶体敌百虫800倍液，也可以使用10%吡虫啉可湿性粉剂2 000倍液，见效虽然较慢，但持效期长达25～30天。

易混淆害虫 该虫易与稻绿蝽、大稻缘蝽、稻棘缘蝽混淆，4种昆虫的特征区分见下表。

特征	稻黑蝽	稻绿蝽	大稻缘蝽	稻棘缘蝽
成虫	椭圆形，全体黑色，表面粗硬，密布小黑点，触角5节，前胸背板两侧角向两侧横向突出，呈短刺状	具4种不同色型，大多个体全体绿色或除头前半区与前胸背板前缘区为黄色外，余为绿色；部分个体表现为虫体大部橘红色或除头胸背面具浅黄色或白色斑纹外，余为黑色，前2种色型的虫体背部小盾片基部可见3个横列浅色小斑点，与前翅爪片基部的小黑点排成一直列	体茶褐色略带绿色或黄绿色；头部向前伸出，前胸背板长略大于宽，布满深褐色刻点，正中有一纵纹，小盾片长三角形	5龄，体淡绿色，高龄若虫第四、五腹节背面后缘具圆形臭腺；头顶中央具短纵沟，头顶及前胸背板前缘具黑色小粒点，触角第四节纺锤形；前胸背板侧角细长，稍向上翘，末端黑，爪片端有一白点
卵	杯状，1 ~ 2列聚成卵块，每块卵5 ~ 16粒	圆形，具卵帽，2 ~ 6列整齐排列成卵块，每块具卵30 ~ 70粒	椭圆形，无明显卵盖，底面圆平，淡黄褐色至黑褐色，具光泽	似杏核，全体具光泽，卵底中央具一圆形浅凹
若虫	5龄，初孵若虫聚集于卵块附近，体卵圆形，红褐色；末龄若虫体灰褐色，与成虫相似，第四至六腹节各有1个臭腺	5龄，各龄若虫背部均有红斑、白斑或黄斑，但色型不同的成虫后代有所变异	5龄，体淡绿色，高龄若虫第四、五腹节背面后缘具圆形臭腺	5龄，三龄前长椭圆形，四龄后狭长形，似成虫，体黄褐色带绿色，腹部具红色毛点

稻蓟马

分类地位 稻蓟马（*Stenchaetothrips biformis*）属缨翅目蓟马科。

为害特点 成、若虫用口器刮破稻叶表皮，锉吸汁液，被害叶出现乳白色斑点，叶尖蜷缩。秧田为害严重时全田秧苗枯黄发红，状如火烧（图128）。本田受害严重时稻苗僵而不分蘖。穗期稻蓟马转入颖壳内为害，造成瘪粒。

图128　稻蓟马秧田为害状

形态特征

成虫：体长1 ～ 1.3毫米。初羽化时体色为褐色，1 ～ 2天后变为深褐色至黑色；头部近方形，触角鞭状7节。复眼黑色，两复眼间有3个单眼，呈三角形排列；前胸背板发达，后缘有鬃4根；雌虫腹部末端圆锥形，具锯齿状产卵器，雄虫则较圆钝（图129）。

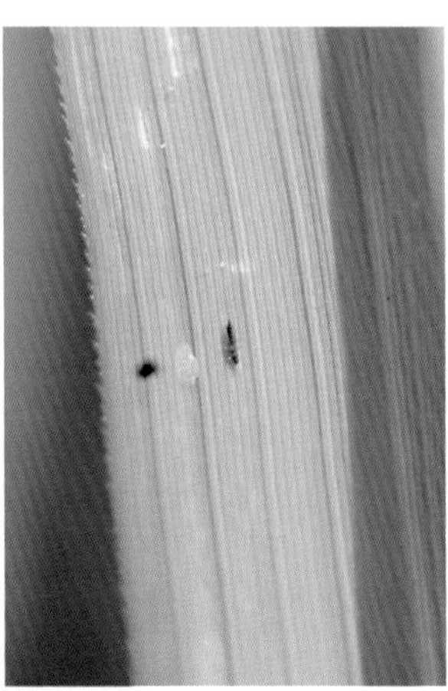
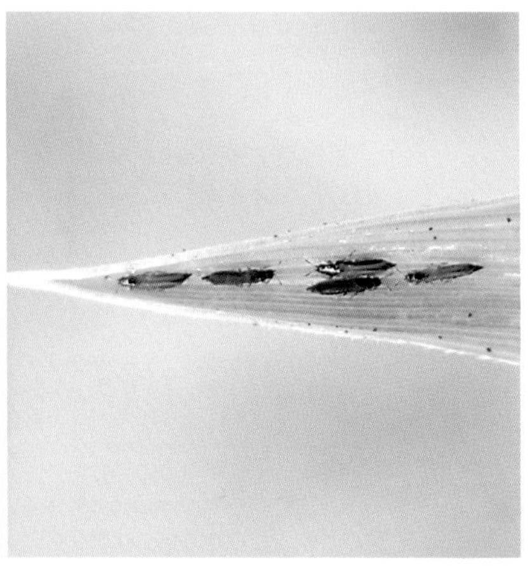

图129　稻蓟马成虫

卵：长约0.2毫米，宽约0.1毫米，肾脏形，微黄色，半透明，孵化前可透见红色眼点。

若虫（图130）：共4龄。一龄若虫体长0.3 ~ 0.5毫米，白色透明。触角念珠状，第四节特别膨大，有3个横膈膜，复眼红色。头胸部与腹部等长，腹节不明显。二龄若虫体长0.6 ~ 1.2毫米，体色浅黄至深黄色，复眼褐色，腹部可透见肠道内容物。三龄若虫体长0.8 ~ 1.2毫米，触角分向两边，翅芽始现，腹部显著膨大。四龄若虫体长0.8 ~ 1.3毫米，淡褐色，触角向后翻，单眼3个，翅芽伸长达腹部第五、七两节。三、四龄若虫不取食，但能活动，因而也称前蛹或蛹。

图130　稻蓟马若虫

发生特点

发生代数	生活周期短，发生代数多，世代重叠现象严重，田间发生世代较难划分。1年中发生代数：安徽11代，江苏9 ~ 11代，浙江10 ~ 12代，四川成都14代，福建中部约15代，广东中、南部15代以上
越冬方式	在看麦娘，落谷自生苗、再生稻、小麦、李氏禾等多种禾本科作物及杂草上越冬
发生规律	3月下旬产卵，4月上中旬孵化，4月中下旬至5月初，迁入稻田为害，在高温天气出现前，田间虫量与日俱增
生活习性	成虫白天多隐蔽于纵卷的叶尖、叶脉或心叶内，早晨、黄昏或阴天多在叶上活动，爬行迅速，能飞，能随气流扩散。卵多产于脉间的叶肉内。雌虫有明显的趋嫩绿稻苗产卵的习性。叶片上的卵痕呈针尖大小的白点，对光可清晰见卵。随胚胎发育，叶面上可见微小突起，用针穿刺，未孵卵有浆液流出。若虫多在19：00—21：00孵出，初孵幼虫在叶上爬行，数分钟后即可取食。若虫多聚集于叶耳、叶舌处，尤喜在卷叶状心叶内取食

防治适期 50%破口期，在稻蓟马钻入穗苞为害前；齐穗后扬花前，防止稻蓟马钻入颖壳。

防治措施

（1）**农业防治** 避免水稻早、中、晚混栽，以减少稻蓟马的繁殖桥梁田和辗转为害的机会；结合冬春积肥，铲除田边、沟边杂草，消灭越冬虫源；栽插后加强管理，促苗早发，适时晒田、搁田，提高植株耐虫能力。

（2）**化学防治** 采取“狠治秧田，巧治大田；主攻若虫，兼治成虫”的防治策略。依据稻蓟马的发生为害规律，防治适期为秧苗四、五叶期和稻苗返青期，每亩可用10%吡虫啉粉剂2 000倍液，或90%晶体敌百虫1 000倍液对水40千克喷雾防治。

稻水象甲

分类地位 稻水象甲（*Lissorhoptrus oryzophilus*），又名稻水象，属鞘翅目象甲科。

为害特点 稻水象甲以成虫和幼虫为害水稻。成虫在幼嫩水稻叶片上取食上表皮和叶肉，留下下表皮，在叶表面留下长短不等的白长条斑（图131）。幼虫密集水稻根部，在根内或根上取食（图132），根系被蛀食，刮风时植株易倾倒，甚至被风拔起浮在水面上。

图131 稻水象甲成虫为害叶片状

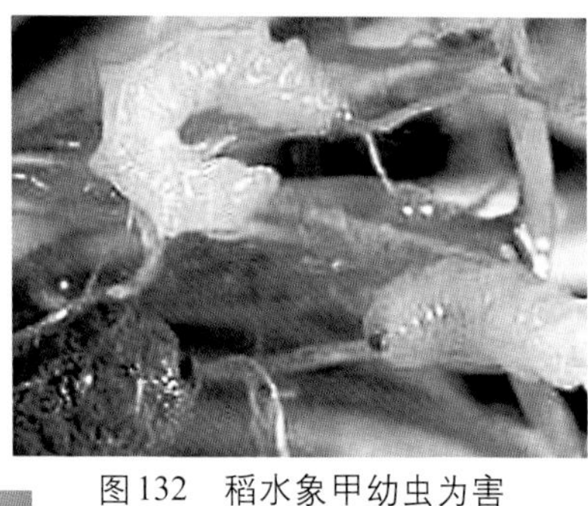

图132 稻水象甲幼虫为害根部状

形态特征

成虫：体长2.6 ～ 3.8毫米（不含管状喙），体壁褐色，密被相互连接的灰色鳞片。前胸背板和鞘翅的中区无鳞片，呈暗褐色或黑褐色斑。喙和前胸背板约等长，近扁圆筒形，略弯曲。触角膝状，前胸背板宽略大于长，前端略收缩，两侧边近直形，小盾片不明显；鞘翅明显具肩。腿节棒形，无齿；胫节细长弯曲，中足胫节两侧各有1排长的游泳毛（图133）。

图133 稻水象甲成虫

卵：长约0.8毫米，初产时珍珠白色，圆柱形，有时略弯，两端圆。

幼虫：共4龄。老熟幼虫体长9 ～ 10毫米，白色，头部褐色，无足，腹部第二至七节背面各有1对向前伸的钩状呼吸管，气门位于管中（图134）。

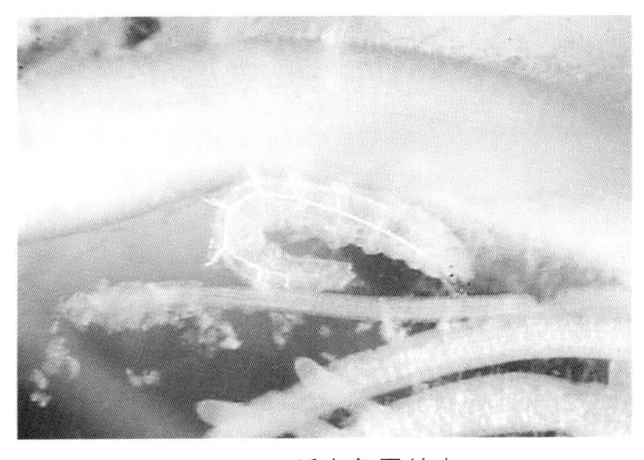

图134 稻水象甲幼虫

茧：老熟幼虫在寄主根系上做茧，然后在茧中化蛹。茧黏附于根上，卵形，土灰色（图135）。

蛹：白色，复眼红褐色，大小、形状近似成虫（图136）。

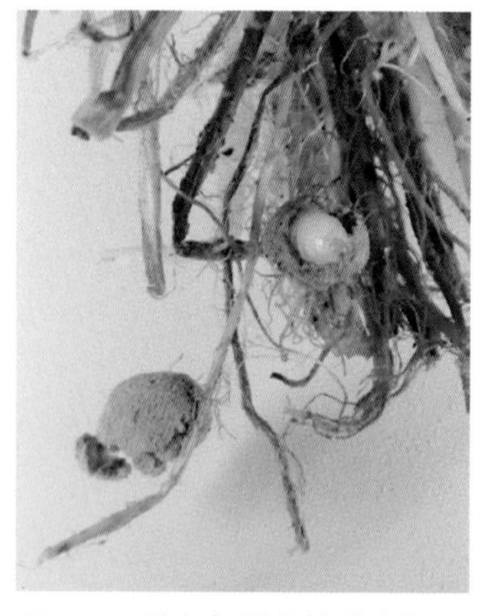

图135　稻水象甲老熟幼虫做茧

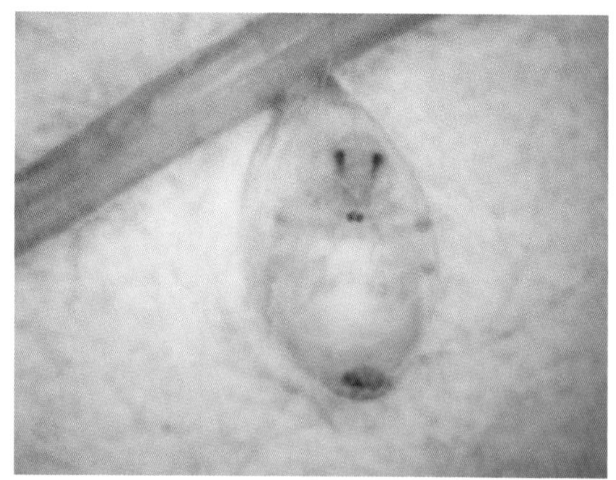
图136　稻水象甲蛹

发生特点

发生代数	1年发生1～2代，在单季稻区发生1代，在双季稻区可发生2代
越冬方式	稻水象甲为半水生昆虫，成虫在稻草、稻茬、水田周围的禾本科杂草、田埂及土中越冬
发生规律	越冬代成虫在春季气温达10℃左右时开始复苏活动。复苏后先取食禾本科作物的新叶，待水稻插秧后就进入稻田为害。8月下旬大部分成虫陆续转移到寄主越冬
生活习性	成虫具假死习性，不善飞行，可在水中游泳，活动和取食偏好有水的环境。对黑光灯趋性较强，成虫具夏季、冬季滞育特性，但滞育强度较弱。我国各地发生的种群均营孤雌生殖

防治适期 越冬代成虫盛发产卵前。

防治措施

（1）**农业防治**　调整水稻播种期或选用晚熟品种；排水晒田或延期灌水；由于稻水象甲大多将卵产于水面以下的水稻叶鞘部分，因此，田块平整、排灌方便，产卵期湿润灌溉，确保无积水，是控制稻水象甲发生最为关键、有效的方法之一。

（2）**物理防治**　利用黑光灯进行诱杀。

（3）**化学防治**　每亩可用40%三唑磷乳油120～150克，或10%醚菊酯悬浮剂80～100克，或20%辛硫·三唑磷乳油100～150克，对水45千克喷雾防治。

稻象甲

分类地位 稻象甲（*Echinocnemus squamous*），又称稻根象甲、水稻象鼻虫，属鞘翅目象甲科。

为害特点 虫咬食水稻心叶和嫩茎，受害心叶抽出后呈现一排小孔，严重时造成断心断叶（图137）。幼虫为害稻根，为害轻时，叶尖发黄，生长停滞，影响稻株长势，虽可抽穗，但成熟不齐；为害重时，植株分蘖能力降低，矮缩甚至枯死，成穗数和穗粒数减少，甚至不能抽穗，秕谷增多，千粒重和碾米率降低，最终导致减产。

图137 稻象甲为害状

形态特征

成虫：体长约5毫米（不包括喙管），宽约2.3毫米，暗褐色，密布灰色椭圆形鳞片。头部延伸成稍向下弯的喙管，触角红褐色，端部稍膨大。每一鞘翅具有细纵沟10条，内侧3条色较深，在后部约全长1/3接近中缝处有1个由鳞片组成的长圆形白斑（图138）。

稻象甲

卵：椭圆形，长0.6 ~ 0.9毫米，初产时乳白色，有光泽，后变黄色。

幼虫：老熟体长约9毫米，乳白色，多横皱纹，略向腹面弯曲，具黄褐色短毛。头部褐色，无足（图139）。

蛹：长约5毫米，初为乳白色，后变灰色，腹面多细皱纹，腹末背面有1对刺状突起。

图138　稻象甲成虫

图139　稻象甲幼虫

发生特点

发生代数	在国内1年发生1～2代。单季稻区1年发生1代，双季稻区可发生2代
越冬方式	以幼虫和少量蛹在稻茬根须间越冬，也可以成虫在田边杂草、稻茬茎腔中及土表下越冬
发生规律	越冬幼虫在翌年春天温度适宜时化蛹，1代发生区成虫和幼虫主要在单季稻本田为害，2代发生区第一代为害早稻秧田和本田，第二代为害晚稻秧田和本田。9月下旬陆续羽化，开始越冬
生活习性	成虫多在早晚活动，有一定的趋光性，活动能力较弱，有假死性，喜食甜物。成虫将卵产于水稻茎部叶鞘上，一生产卵100多粒，淹入水中的卵也能正常发育。幼虫孵化后，沿稻株潜入土中，取食幼嫩须根，老熟幼虫在稻根附近做土室化蛹。幼虫在水中不能化蛹，一离开水即可化蛹

防治适期 卵孵化高峰期和成虫盛发高峰期。

防治措施

(1) **农业防治** 冬季免少耕与深耕轮换，充分利用深耕对幼虫的杀伤作用；冬春铲除田边、沟边杂草；早春及时沤田，多犁多耙；化蛹期间保持田间适量浸水，或浅水勤灌，以创造不利于化蛹和羽化的条件。

(2) **物理防治** 利用成虫喜食甜物的习性，用糖醋稻草把诱捕。

(3) **化学防治** 每亩可用2.5%高效氟氯氰菊酯乳油40 ~ 50毫升，或50%杀螟硫磷乳油800倍液，或90%敌百虫晶体600倍液。幼虫为害严重时，先将田间水排干，每亩用3%呋喃丹颗粒剂3千克撒入田间，然后撒石灰或茶籽饼粉50千克，结合耕田杀死幼虫。

稻负泥虫

分类地位 水稻负泥虫（*Oulema oryzae*），又名稻叶甲，俗称牛粪虫、巴巴虫、背粪虫、猪屎虫等，属鞘翅目叶甲科。

为害特点 主要为害水稻秧苗。幼虫和成虫沿叶脉食害叶肉，留下透明的表皮，形成许多白色纵痕，严重时全叶发白、焦枯或整株死亡（图140）。一般受害植株表现为生育迟缓，植株低矮，分蘖减少，通常减产5% ~ 10%，严重时达20%。除水稻外，还为害多种禾本科作物与杂草。

图140　稻负泥虫为害状

形态特征

成虫：体长4 ~ 5毫米，头和复眼黑色，触角细长，达体长一半；前胸背板黄褐色，后方有1明显凹缢，略呈钟罩形；鞘翅青蓝色，有金属光泽，每个翅鞘上有10条纵列刻点；足黄褐色（图141）。

卵：长椭圆形，长约0.7毫米，初产时淡黄色，后变黑褐色（图142）。

幼虫：有4龄。初孵幼虫头红色，体淡黄色，呈半个洋梨形，老熟幼虫体长4 ~ 6毫米，头小，黑褐色；体背呈球形隆起，第五、六节最膨大，全身各节具有6 ~ 22个黑色瘤状突起，瘤突均有1根短毛；肛门向上开口，粪便排体背上，幼虫盖于虫粪之下，故称负泥虫、背屎虫（图143）。

图141　稻负泥虫成虫

图142　稻负泥虫卵

图143　稻负泥虫幼虫

蛹：长约4.5毫米，鲜黄色，裸蛹，外有灰白色棉絮状茧（图144和图145）。

图144 稻负泥虫蛹

图145 稻负泥虫茧

发生特点

发生代数	每年发生1代
越冬方式	以成虫在背风向阳的稻田附近山坡、田埂、堤岸或塘边等杂草间或根际土内越冬
发生规律	越冬成虫在3—4月出现，先群集在沟边禾本科杂草上取食，当秧苗露出水面时，便迁移到秧田为害。4—5月幼虫盛发，为害早稻本田。5月底至6月初开始化蛹，老熟幼虫脱去背上粪堆，分泌白色泡沫凝结成茧，在里面化蛹。6—7月成虫大量羽化，新羽化的成虫当年不交尾，取食一段时间，入秋后迁飞到越冬场所
生活习性	卵常产在近叶尖处。幼虫孵化后在早晨或阴天活动，咬食秧苗叶肉，残留表皮，叶片受害形成纵行透明条纹，叶尖渐变枯萎，严重时全叶焦枯破裂

防治适期 秧田期以成虫大量交尾而尚未离开时最佳，本田期施药则掌握在幼虫盛孵期。

防治措施

（1）**农业防治** 消灭越冬成虫。一般于春、秋季铲除稻田附近荒地、田埂、沟渠边的杂草，可消灭部分越冬害虫，减轻为害。调节水稻播种期是北方地区避开为害高峰的有效措施。北方地区越冬成虫通常在6月开始恢复活动，适当提早插秧，培育壮秧，提高秧苗的抗虫能力，可减轻水稻负泥虫的为害。此外，清晨在稻田入水口处滴几滴煤油或柴油，让水面上漂散细小油珠，用小扫帚将叶片上的幼虫轻轻地扫落水中，连续3～4次，

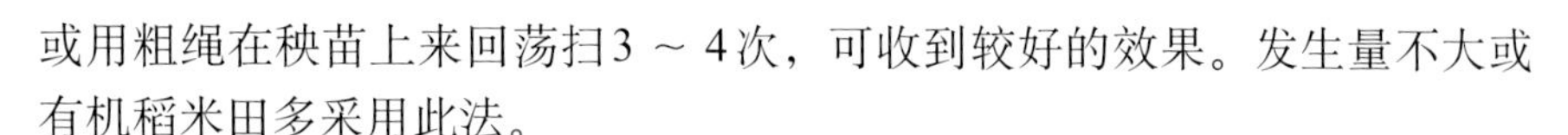

或用粗绳在秧苗上来回荡扫3～4次，可收到较好的效果。发生量不大或有机稻米田多采用此法。

（2）**化学防治** 每亩用25%敌百虫粉1.5～2千克或烟草粉2千克拌消石灰12.5千克，在晨露未干时撒施；或喷洒50%杀螟硫磷800倍液或90%晶体敌百虫1 000倍液防治。

蚜虫

分类地位 以麦长管蚜（*Sitobion avenae*）最为常见，属半翅目蚜科。

为害特点 成、若虫刺吸水稻茎叶、嫩穗，不仅影响生长发育，还分泌蜜露引起煤污病，影响光合作用和千粒重。发生严重的可造成减产20%～30%。

形态特征

无翅孤雌蚜：体长3.1毫米，宽1.4毫米，长卵形，草绿色至橙红色，头部略显灰色，腹侧具灰绿色斑。触角、喙端节、腹管黑色。尾片色浅。腹部第六至八节及腹面具横网纹，无缘瘤。中胸腹岔有短柄。额瘤显著外倾。触角细长，全长不及体长，第三节基部具1～4个次生感觉圈。喙粗大，超过中足基节。端节圆锥形，是基宽的1.8倍。腹管长圆筒形，长为体长的1/4，在端部有网纹十几行。尾片长圆锥形，长为腹管的1/2，有6～8根曲毛（图146）。

图146 无翅蚜

有翅孤雌蚜：体长3.0毫米，椭圆形，绿色。触角黑色，第三节有8～12个感觉圈排成一行。喙不达中足基节。腹管长圆筒形，黑色，端部具15～16行横行网纹。尾片长圆锥形，有8～9根毛（图147）。

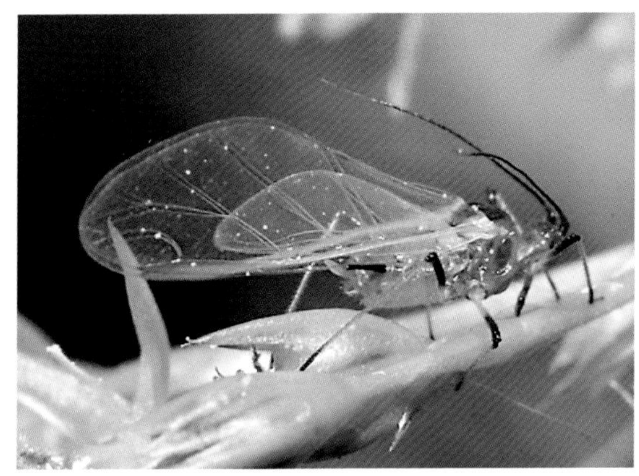

图147　有翅蚜

发生特点

发生代数	麦长管蚜在长江以南各省每年发生20～30代
越冬方式	以无翅胎生成蚜和若蚜蛰伏在麦株心叶或叶鞘内侧及早熟禾、看麦娘、马唐、双穗雀稗、狗尾草、野燕麦、荠菜、马兰、繁缕等杂草丛中过冬
发生规律	浙江越冬蚜于3—4月，气温10℃以上时开始活动、取食及繁殖，产生无翅胎生蚜，到5月上旬虫口达到高峰，严重为害小麦和大麦，5月中旬后，蚜虫开始迁至早稻田，并在水稻上繁殖无翅胎生蚜，进入梅雨季节后，虫量开始减少，大多产生有翅胎生蚜迁至河边、山边及稗草、马唐、玉米、高粱上栖息或取食，此后出现高温干旱，则进入越夏阶段。9—10月天气转凉，杂草开始衰老，这时晚稻正处在旺盛生长阶段，最适麦长管蚜取食为害
生活习性	麦长管蚜无明显休眠现象，气温高时，仍见蚜虫在叶面上取食

防治适期　在水稻灌浆初期有蚜株率达15%以上或每百丛平均有蚜500头以上时开始防治。

防治措施

（1）**农业防治**

①除草抑虫。冬春及夏秋结合施肥和防治其他害虫，清除田边、沟

边、塘边及树荫、瓜棚下等处的杂草，以减少虫源。尤其夏秋除草，对减轻晚稻蚜害尤为重要。

②适期播种，合理管理肥水。避免种植过迟导致成熟滞后而与稻蚜发生适期相遇。同时，加强田间肥水管理，适时搁田，减少无效分蘖，防止后期贪青，促使水稻及时抽穗、扬花、灌浆，适时成熟，以减轻或避过蚜害。

（2）**化学防治** 若要防治稻飞虱等其他害虫，可予兼治；若不防治其他害虫，应进行专门的化学防治，每亩用70%吡虫啉可湿性粉剂2克和2.5%敌溴氰菊酯油25毫升，或25%噻虫嗪水分散颗粒剂4～6克，对水15千克喷雾。

中华稻蝗

分类地位 中华稻蝗（*Oxya chinensis*），直翅目蝗总科。

为害特点 以成虫、若虫咬食叶片，咬断茎秆和幼芽。水稻被害叶片成缺刻（图148），严重时稻叶被吃光，也能咬坏穗颈和乳熟的谷粒。

图148 中华稻蝗成虫为害状

形态特征

中华稻蝗

成虫：雄虫体长15 ~ 33毫米，雌虫20 ~ 40毫米，黄绿色或黄褐色，有光泽。头顶两侧在复眼后方各有1条黑褐色纵带，经前胸背板两侧，直达前翅基部。前胸腹板有1锥形瘤状突起。前翅长度超过后足腿节末端（图149）。

图149 中华稻蝗成虫

卵：圆筒形，长约3.5毫米，宽约1毫米，中央略弯。具卵囊，卵粒在卵囊内斜排。卵囊茄果形，褐色，长9 ~ 14毫米，宽6 ~ 10毫米，前端平截，后端钝圆，平均有卵10 ~ 20粒，卵粒间有深褐色的胶质物相隔。

若虫：称蝗蝻，一般6龄（图150）。一龄若虫体长约7毫米，绿色有光泽，头大。二龄后体形渐大，前胸背板中央渐向后突出，体绿色至黄褐色，头、胸两侧黑色纵纹明显。三龄时翅芽出现，逐龄增大，至五龄时向背面翻折，六龄时可伸达第三腹节，并掩盖腹部听器的大部分。

图150　中华稻蝗若虫

发生特点

发生代数	华东、华中1年发生1代，广东1年发生2代
越冬方式	以卵在稻田田埂及其附近荒草地的土中越冬
发生规律	越冬卵于翌年3月下旬至清明前孵化，一至二龄若虫多集中在田埂或路边杂草上；三龄开始趋向稻田，取食稻叶，食量渐增；四龄起食量大增，且能咬茎和谷粒，至成虫时食量最大。第一、二代成虫分别出现于6月上旬和9月上中旬。第二代成虫9月中旬为羽化盛期，10月中旬产卵越冬
生活习性	中华稻蝗喜产卵于田埂、渠坡、荒草地；蝗蝻有聚集于稻田边行的特性

防治适期 二、三龄蝗蝻期。

防治措施

（1）**农业防治**　针对中华稻蝗喜产卵于田埂、渠坡、荒草地的习性，可结合开垦荒滩、修整田埂、清淤堤埝、深耕除草等措施，破坏中华稻蝗产卵和繁衍场所。及时清除田边四周杂草，减少草荒地面积，切断低龄蝗虫食料源，以减少虫源。在栽培管理上，要适期播种、合理施用肥水，促进水稻健壮生长。南方一些地区历来有用铁锹铲田埂杂草、烧焦泥灰的习惯，既可消灭蝗卵、减轻蝗害，又可肥田、改良土壤，是控制中华稻蝗较为实用的方法。

（2）**生物防治** 放鸭食虫或保护田间青蛙、蟾蜍、蜘蛛、寄生蜂等自然天敌，可有效抑制中华稻蝗的发生。其中，稻田蛙类，特别是黑斑蛙的数量可随中华稻蝗数量的增加而增多，当蛙类稳定达到一定数量后，其控虫作用显著。保护自然天敌，需在化学防治时选择高效低毒、对环境友好的农药，减少对天敌的杀伤。

（3）**化学防治** 利用三龄前若虫集中在田边杂草上的特点，突击防治，选用90%敌百虫700倍液，或50%马拉硫磷1 000倍液喷雾；当进入三至四龄后常转入大田为害，百株虫量在10头以上时，应及时喷洒农药，每亩可用70%吡虫啉可湿性粉剂2克＋2.5%敌杀死乳油25毫升，或25%噻虫嗪水分散颗粒剂4～6克，或2.5溴氰菊酯乳油20～30毫升，对水45千克喷雾，均可取得良好防效。

附录

附录1 水稻易发病虫害防治历

病虫害名称	防治重点	防治适期	防治方法
稻飞虱	华南、西南、长江中下游稻区重点防治褐飞虱和白背飞虱。黄淮稻区重点防治白背飞虱、灰飞虱	药剂防治重点在水稻生长中、后期，孕穗抽穗期百丛虫量1 000头、穗期百丛虫量1 500头时对准稻丛基部喷雾	种子处理和带药移栽应用吡虫啉、噻虫嗪（不选用吡蚜酮，延缓其抗性发展）；喷雾选用金龟子绿僵菌CQMa421、醚菊酯、烯啶虫胺、吡蚜酮
稻纵卷叶螟	卵孵化始盛期至低龄幼虫高峰期	分蘖期百丛水稻束叶尖150个，穗期后百丛水稻束叶尖60个；生物农药施药适期为卵孵化始盛期至低龄幼虫高峰期	蛾盛期释放2 ~ 3次稻螟赤眼蜂；优先选用苏云金杆菌、甘蓝夜蛾核型多角体病毒、球孢白僵菌、短稳杆菌、金龟子绿僵菌CQMa421等微生物农药，化学药剂可选用氯虫苯甲酰胺、四氯虫酰胺、茚虫威等
二化螟	上代残虫量大、当代螟卵盛孵期与水稻破口抽穗期相吻合的稻田	分蘖期于枯鞘丛率达到8% ~ 10%或枯鞘率3%时施药	各代次尤其越冬代始蛾期使用性诱剂；蛾盛期释放2 ~ 3次稻螟赤眼蜂；生物农药优先采用苏云金杆菌、金龟子绿僵菌CQMa421；化学药剂可选用氯虫苯甲酰胺、甲氨基阿维菌素苯甲酸盐、甲氧虫酰肼
三化螟	水稻破口抽穗初期	每亩卵块数达到40块	同二化螟

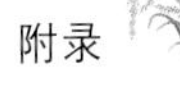

（续）

病虫害名称	防治重点	防治适期	防治方法
稻瘟病	叶瘟和穗瘟	分蘖期田间初见叶瘟病斑开始施药；破口前3～5天施药预防穗瘟；气候适宜病害流行时，齐穗期第二次施药	咪鲜胺、氰烯菌酯、乙蒜素浸种；防治采用枯草芽孢杆菌、多抗霉素、春雷霉素、井冈·蜡芽菌、申嗪霉素等生物农药或三环唑、丙硫唑等化学药剂
纹枯病	分蘖末期和穗期	水稻分蘖末期封行后和穗期病丛率达到20%时	采用井冈·蜡芽菌、井冈霉素A（24%A高含量制剂）、申嗪霉素等生物药剂或苯甲·丙环唑、氟环唑、咪铜·氟环唑等化学药剂
稻曲病	破口前	水稻破口前7～10天施药预防，如遇多雨天气，7天后第二次施药	同纹枯病
病毒病	南方水稻黑条矮缩病、锯齿叶矮缩病、条纹叶枯病	秧田和本田初期带毒稻飞虱迁入时防治	吡虫啉等种子处理剂拌种或浸种；预防病毒病，选用毒氟磷、宁南霉素
细菌性基腐病、白叶枯病	重发区在台风、暴雨过后	田间出现发病中心时立即用药防治	使用枯草芽孢杆菌、噻霉酮、噻唑锌

附录2　禁限用农药名录

《农药管理条例》规定，农药生产应取得农药登记证和生产许可证，农药经营应取得经营许可证，农药使用应按照标签规定的使用范围、安全间隔期用药，不得超范围用药。剧毒、高毒农药不得用于防治卫生害虫，不得用于蔬菜、瓜果、茶叶、菌类、中草药材的生产，不得用于水生植物的病虫害防治。

1.禁止（停止）使用的农药

六六六、滴滴涕、毒杀芬、二溴氯丙烷、杀虫脒、二溴乙烷、除草醚、艾氏剂、狄氏剂、汞制剂、砷类、铅类、敌枯双、氟乙酰胺、甘氟、毒鼠强、氟乙酸钠、毒鼠硅、甲胺磷、对硫磷、甲基对硫磷、久效磷、磷胺、苯线磷、地虫硫磷、甲基硫环磷、磷化钙、磷化镁、磷化锌、硫线磷、蝇毒磷、治螟磷、特丁硫磷、氯磺隆、胺苯磺隆、甲磺隆、福美胂、福美甲胂、三氯杀螨醇、林丹、硫丹、溴甲烷、氟虫胺、杀扑磷、百草枯、2,4-滴丁酯

注：氟虫胺自2020年1月1日起禁止使用。百草枯可溶胶剂自2020年9月26日起禁止使用。2,4-滴丁酯自2023年1月29日起禁止使用。溴甲烷可用于“检疫熏蒸处理”。杀扑磷已无制剂登记。

2.在部分范围禁止使用的农药

通用名	禁止使用范围
甲拌磷、甲基异柳磷、克百威、水胺硫磷、氧乐果、灭多威、涕灭威、灭线磷	禁止在蔬菜、瓜果、茶叶、菌类、中草药材上使用，禁止用于防治卫生害虫，禁止用于水生植物的病虫害防治
甲拌磷、甲基异柳磷、克百威	禁止在甘蔗作物上使用
内吸磷、硫环磷、氯唑磷	禁止在蔬菜、瓜果、茶叶、中草药材上使用
乙酰甲胺磷、丁硫克百威、乐果	禁止在蔬菜、瓜果、茶叶、菌类和中草药材上使用
毒死蜱、三唑磷	禁止在蔬菜上使用
丁酰肼（比久）	禁止在花生上使用
氰戊菊酯	禁止在茶叶上使用
氟虫腈	禁止在所有农作物上使用（玉米等部分旱田种子包衣除外）
氟苯虫酰胺	禁止在水稻上使用

推荐图书

扫码看视频 · 病虫害绿色防控系列

小麦病虫害绿色防控彩色图谱

作 者　张云慧　李祥瑞　黄　冲　　　　全彩印刷

ISBN　9978-7-109-26148-8

定 价　36元　尺寸　147mm*210mm　　　　页数　184

本书详细介绍了目前小麦上的常见及新发病虫害，全书内容分三部分，第一部分介绍病害，以图文并茂的形式介绍了小麦生产上的主要病害的分布与危害、田间症状、病原、病害循环、发生特点、防治适期和防治措施。第二部分介绍小麦害虫，以图文并茂的形式介绍了小麦生产上的主要害虫的分布与危害、分类地位、为害特点、形态特征、发生特点、防治适期和防治措施。第三部分主要介绍了绿色防控技术集成。全书配有海量原色照片，兼顾各个部位发病症状及害虫各个时期，同时，配有病虫害视频，识别病虫害更加直观。

马铃薯病虫害绿色防控彩色图谱

作 者　李国清　郭文超　　　　全彩印刷

ISBN　978-7-109-25689-7

定 价　30元　尺寸　147mm*210mm　　　　页数　144

本书详细介绍了目前马铃薯上的常见及新发病虫害，并配备海量原色照片，从不同发病时期、不同发病部位、不同发病程度等多个角度显示，在着重描述典型症状的同时，也从生产实际出发，兼顾非典型症状。书中阐述了各种病虫害的成因和发生规律，在防治用药方面，既给出了新型农药，也列出了目前治病效果依然很好且价格实惠的经典老药。值得一提的是，每种病虫害都有防治适期，让种植户和农技人员在病虫害防治时抓住关键时期，防治更有效。 同时，全书配备病虫害视频，识别病虫害更加生动直观。

荔枝 龙眼病虫害绿色防控彩色图谱

作 者　陈炳旭 等　　　　　　　　　　　　　　　全彩印刷

ISBN　978-7-109-25690-3

定 价　38元　尺寸　147mm*210mm　　　　　　　页数　216

本书由权威专家团队编写，共收录120种病虫害，配有400张原色高清照片；每种病虫害都有防治适期，方便让生产者抓住防治的关键时期；此外，本书配有近20个病虫害小视频，扫码即可观看，方便又直观。全书分三部分，第一部分介绍了病害的识别及绿色防控技术，包括：分布与危害、田间症状、病原、病害循环、发生特点、防治适期和防治措施。第二部分介绍虫害识别及绿色防控技术，包括：分布与危害、分类地位、为害特点、形态特征、发生特点、防治适期和防治措施。第三部分介绍绿色防控技术的集成与示范。

葡萄病虫害绿色防控彩色图谱

作 者　张怀江　周增强　　　　　　　　　　　　全彩印刷

ISBN　9978-7-109-26975-0

定 价　30元　尺寸　147mm*210mm　　　　　　　页数　152

本书作者长期从事果树病虫害防治工作，广泛收集和总结国内外科研和生产经验，将几十年工作中积累的图片资料汇编成册。本书详细介绍了目前葡萄上的常见及新发病虫害，并配备海量原色照片，从不同发病时期、不同发病部位、不同发病程度等多个角度显示，在着重描述典型症状的同时，也从生产实际出发，兼顾非典型症状。书中阐述了各种病虫害的成因和发生规律。在防治用药方面，既给出了新型农药，也列出了目前治病效果依然很好且价格实惠的经典老药。 值得一提的是，每种病虫害都有防治适期，让果农和农技人员在病虫害防治时抓住关键时期，防治更有效。同时，全书配备病虫害视频，识别病虫害更直观。

苹果病虫害绿色防控彩色图谱

作 者　闫文涛　仇贵生　　　全彩印刷

ISBN　978-7-109-27409-9

定 价　30元　尺寸　147mm*210mm　　　页数　120

本书详细介绍了目前苹果上的常见及新发病虫害，内容分三部分，第一部分介绍病害，以图文并茂的形式介绍了苹果病害的分布与危害、田间症状、病原、病害循环、发生特点、防治适期和防治措施。第二部分虫害，以图文并茂的形式介绍了害虫分类地位、为害特点、形态特征、发生特点、防治适期和防治措施。第三部分绿色防控技术的集成与示范。值得一提的是，每种病虫害都有防治适期，让果农和农技人员在病虫害防治时抓住关键时期，防治更有效。同时，全书配备病虫害视频，识别病虫害更加生动直观。

樱桃病虫害绿色防控彩色图谱

作 者　张　斌　　　全彩印刷

ISBN　978-7-109-27179-1

定 价　36元　尺寸　147mm*210mm　　　页数　160

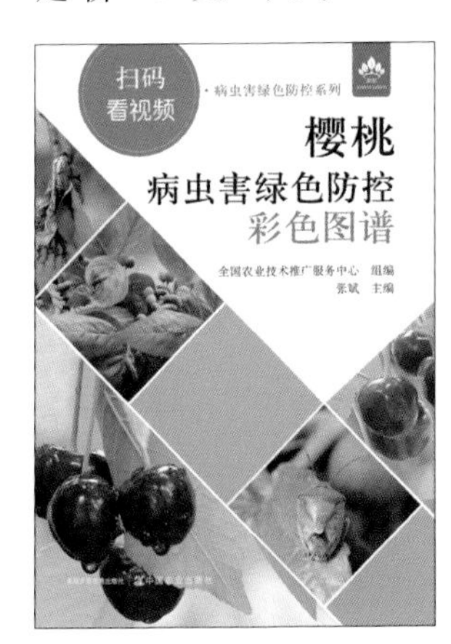

本书详细介绍了目前樱桃上的常见及新发病虫害，并配备海量原色照片，从不同发病时期、不同发病部位、不同发病程度等多个角度显示，在着重描述典型症状的同时，也从生产实际出发，兼顾非典型症状。书中阐述了各种病虫害的成因和发生规律，在防治用药方面，既给出了新型农药，也列出了目前治病效果依然很好且价格实惠的经典老药。值得一提的是，每种病虫害都有防治适期，让果农和农技人员在病虫害防治时抓住关键时期，防治更有效。 同时，全书配备病虫害视频，识别病虫害更加生动直观。

图书在版编目（CIP）数据

水稻病虫害绿色防控彩色图谱/杨清坡，刘杰主编. —北京：中国农业出版社，2021.7（2025.2重印）
（扫码看视频·病虫害绿色防控系列）
ISBN 978-7-109-28174-5

Ⅰ.①水… Ⅱ.①杨…②刘… Ⅲ.①水稻－病虫害防治－图谱 Ⅳ.①S435.11-64

中国版本图书馆CIP数据核字（2021）第073887号

SHUIDAO BINGCHONGHAI LüSE FANGKONG CAISE TUPU

中国农业出版社出版
地址：北京市朝阳区麦子店街18号楼
邮编：100125
责任编辑：郭晨茜 谢志新
责任校对：刘丽香 责任印制：王 宏
印刷：中农印务有限公司
版次：2021年7月第1版
印次：2025年2月北京第9次印刷
发行：新华书店北京发行所
开本：880mm×1230mm 1/32
印张：4
字数：120千字
定价：30.00元